放鬆時光！

apéritif

Food & Drink 115

法式餐前酒&開胃小點

吉田菊次郎
Kikujiro Yoshida

村松 周
Shu Muramatsu

瑞昇文化

前言

何謂 **apéritif**

Apéritif一詞源於拉丁文aperire，有「開門」、「打開五感」、「刺激食慾」之意，泛指在餐前飲用，做為潤口、引起食慾的「餐前酒」。這些酒款可以是各種香甜酒、白蘭地、葡萄酒或香檳等。當然，不光是字面上的意思，其實還有涵蓋範圍更廣的語意。法國人也用「apéritif」或簡稱「apéro」來稱呼提供佐酒小菜或甜點享用的茶會。雖然找不到適合的日文對應名詞，但勉強可用「茶話會」來解釋吧。

在法國，朋友或同事間習慣於晚餐前相約「小酌一下吧？」或「來杯餐前酒！」，喝著飲料搭配開胃小點，開心地聊上好幾個小時。吃著美食拓展社交關係，享受美好人生的餐前酒文化，可以說是法國人的生活藝術吧。

要追溯他們邊聊天邊喝酒的習慣，其中之一應該是以前宮廷文化時代，風行於上流社會間的「沙龍」文化。沙龍指的是至交好友們聚在一起，自由暢談以歌曲、戲劇、繪畫或雕刻等藝術、文學為題，有時則是談論政治等的社交場所。當時是藝術結合飲食文化等法國文化大放異彩的時期，在這樣的沙龍中想必會有美酒搭配小點吧。

我認為這項貴族社會文化在1789年的法國大革命之後，走過動盪時代，在生活趨於穩定時，從中產階級的人們慢慢地普及到一般百姓周遭，最後成為當今輕鬆隨意的「小酌」、「開胃小點」形式。

現在，在法國每年6月的第一個週四訂為「餐前酒之日」。因此，即便在日本當地，隨著享受當下生活的潮流蔓延，開始看到有人引進這樣的放鬆時刻。

自2004年起，法國食品協會SPOEXA每年都和法國同步在「餐前酒之日」當天，於東京六本木新城舉辦活動。2014年地點換到代官山，改名為「餐前酒365 in 東京」，提供日法廚師、甜點師傅製作的拿手料理、甜點和飲品，介紹法國的美食文化。隨後在2017年大改主題為「Art de vivre à la française in 東京（在東京的法式生活風格）」，更進一步地為這項慣例活動注入力量。

該活動的舉辦地點如今推廣至世界各國，在日本除了東京以外，更由北到南拓展至全國各地16座城市，普及程度相當廣泛。

本書是為了推廣餐前酒文化而寫。從開胃菜到甜點，雖然都只列舉一二，但大多是餐前酒派對必備的食譜。對筆者而言最開心的莫過於本書讀者都能享受到更愉快充實的餐前酒文化。

BOUL'MICH
吉田菊次郎

Sommaire

Chapitre 1.

蔬食、開胃小點

Légumes et Bouchées

Chapitre 2.

肉、魚類開胃菜

Viandes et Poissons

Chapitre 3.

飽腹開胃小品

Casse-croûtes

Chapitre 4.

糕餅、甜點

Gâteaux et Desserts

六種基本款雞尾酒

六種變化款雞尾酒

基本麵團

辦一場完美的餐前酒派對

讓餐前酒派對更盡興

酒款百科

餐前酒派對的必備酒食

起司百科

本書的使用通則

- 1大匙＝15ml、1小匙＝5ml。
- 粉類使用前先過篩備用。
- 橄欖油使用純橄欖油作為加熱用油，頂級初榨橄欖油則作為拌、淋用油。
- 奶油沒有特別註明時，使用無鹽奶油。
- 烤箱預熱備用。
- 使用預烤好的整顆杏仁（放入150℃的烤箱中烤10分鐘）。
- 使用高筋麵粉作為手粉。
- 微波爐的加熱時間是以600W為基準。使用500W的話，請將加熱時間調整成1.2倍。

蔬食、
開胃小點

Chapitre 1.

Légumes et Bouchées

準備好喜歡的酒款和開胃小點，

就能來場輕鬆自在的法式餐前酒派對。

和推心置腹的好友們

天南地北地聊個痛快吧。

{ 蔬食小菜 }

<Story>

【白腰豆】：有大福豆、花豆、手亡豆等種類，是常見的白豆沙餡原料，因為不具特殊氣味，而便於製作湯品或沙拉等料理。在營養方面富含膳食纖維、維生素B^1、B^2。加香味蔬菜同煮的話別具風味，若想輕鬆烹飪也可利用水煮罐頭。

以雙色豆泥做出心動單品

白腰豆泥

材料（約15個份）

白腰豆⋯200g

A 洋蔥⋯1/8個
- 紅蘿蔔⋯1/3根
- 月桂葉⋯1片
- 黑胡椒粒⋯3顆
- 橄欖油⋯2小匙

B 鹽、胡椒⋯各少許
- 酸奶油⋯10g

明太子⋯1/4條

紅椒粉⋯1/2小匙

摺疊派皮麵團〈參考p.139〉⋯1單位份

細葉香芹⋯適量

事前準備

・白腰豆迅速清洗後，和大量的水浸泡於鍋中靜置一晚。

・用擀麵棍將摺疊派皮麵團擀成3mm厚，以直徑4cm的圈模切取。用叉子戳出數個氣孔後，放入預熱至180℃的烤箱中烤10分鐘並放涼。

作法

1 在裝了白腰豆和水靜置一晚的鍋中放入**A**，開火加熱。煮沸後轉小火，煮到豆子變軟後撈起瀝乾水分。撈除**A**。

2 將豆子放入食物調理機中打成泥狀，加**B**調味。

3 分成兩份各放入調理盆中，將撥散的明太子和紅椒粉倒入其中一個調理盆中攪拌均勻。

4 在裝上口徑10mm星形花嘴的擠花袋中，放入兩色豆泥，不要混色地裝成兩層後擠到派餅上。盛入器皿，用細葉香芹裝飾。

前一天先浸泡入味就能迅速上菜

油漬櫛瓜和南瓜

材料（5～6人份）

櫛瓜…1條
南瓜…1/6個
鹽、胡椒…各適量
松子（烤過）…1大匙
油（米油和橄欖油等量拌勻）
…適量

作法

1 櫛瓜切成7mm寬的圓片。南瓜切成5mm厚的一口大小。

2 把櫛瓜和南瓜排入不沾鍋中開小火煎。兩面煎熟上色後取出放在方盤上，撒上鹽、胡椒靜置3分鐘入味。

3 放到保存容器中，加入松子，倒油蓋過蔬菜。放進冰箱冷藏保存。

<Story>

【油漬】：歐洲自古以來使用的食材保存法之一。浸泡在油中隔絕空氣和水，能長期保存容易腐化的食材，不易變質之餘，油脂風味滲入食材也能增添滋味。做好後靜置1～2天會更入味好吃。

基本款法式小菜。變化一下也很有趣

兩種涼拌紅蘿蔔絲

<Story>

涼拌紅蘿蔔絲【carottes râpées（法）】：在法國幾乎每家家常菜店都會賣的基本款小菜。特色風味是加了孜然和紅辣椒的變化款。孜然是名為馬芹的繖形科植物種子，印度料理的提味香料之一。和油一起入鍋加熱提引出香氣。一旦燒焦會有損風味，須留意這點。

◎基本款

材料（4人份）

紅蘿蔔…1根

A 鹽、胡椒…各少許
- 橄欖油…1大匙
- 白酒醋…1小匙
- 葡萄乾…10g
- 洋香菜（切末）…適量

核桃（烤過）…10g

作法

1 紅蘿蔔用刨絲器刨成細絲。

2 把**1**和**A**放進夾鏈袋中，從袋子上方充分搓揉。擠出空氣封緊袋口，放進冰箱靜置30分鐘以上。

3 盛入器皿，放上切碎的核桃。

◎風味款

材料（4人份）

紅蘿蔔…1根

獅子唐辛子…1根

食用油…1大匙

孜然…1/3小匙

A 鹽、胡椒…各少許
- 檸檬汁…1/2小匙
- 綜合辣椒粉或一味辣椒粉…少許

作法

1 紅蘿蔔用刨絲器刨成細絲。獅子唐辛子切成1～2mm寬的圓片。

2 小鍋中倒入食用油和孜然開小火加熱。當孜然周圍冒出小泡泡後關火放涼。

3 把**1**、**2**、**A**放入夾鏈袋中，從袋子上方充分搓揉。擠出空氣封緊袋口，放進冰箱冷藏30分鐘以上。

—春季沙拉—
Salade de printemps

以鮮紅演繹期待已久的春季到來

草莓淋醬沙拉

<Story>

沙拉【salad（英）、salade（法）】：語源來自拉丁文的鹽sal，或是加鹽salare。古希臘時代就有生食蔬菜的習慣，於14～15世紀演變成現今的形式。之後研發出各式淋醬，形成豐富多變的滋味。

材料（4人份）

喜歡的蔬菜（櫻桃蘿蔔、水煮花椰菜、荷蘭豆等）…各適量
草莓…適量

◆草莓淋醬
草莓…3顆
紅酒醋…20ml
食用油…80ml
A 檸檬汁…1小匙
　鹽、胡椒…各適量

作法

1 製作草莓淋醬。草莓用濾網磨成泥，和紅酒醋混合均勻。倒入食用油拌勻，加A調味。
2 蔬菜和草莓切成容易入口的大小盛入器皿中，隨附上1。

—夏季沙拉—
Salade d'été

以綠色食材的組合展現清爽感

小黃瓜、葡萄和蒔蘿的沙拉

材料（5～6人份）

小黃瓜…2根
蒔蘿葉…2枝份
葡萄（綠色無籽可連皮吃）…10顆
原味優格…50g
橄欖油…2大匙
鹽、胡椒…各適量

作法

1 小黃瓜去皮，切成圓形薄片。加鹽搓揉，出水後擰乾水分。留少許蒔蘿葉作裝飾用，剩下的切末。葡萄連皮對半切開。

2 把**1**放入調理盆中，倒入優格和橄欖油拌勻。加鹽、胡椒調味後盛入器皿中，以蒔蘿葉裝飾。

—秋季沙拉—

Salade d'automne

以礦物質含量豐富的糯黍增添口感

涼拌白蘿蔔佐雜糧醬

材料（5～6人份）

涼拌白蘿蔔…1/3根

蕪菁…2個

◆糯黍淋醬

糯黍…2大匙

A 食用油…2大匙

醋…1大匙

鹽、胡椒…各適量

作法

1 製作糯黍淋醬。鍋中倒入適量的水煮沸，放入糯黍煮約10分鐘。用篩網撈起並以流水洗去黏液，瀝乾水分。

2 把**A**放入調理盆中充分拌匀，放入糯黍迅速攪拌。靜置約5分鐘入味。

3 涼拌白蘿蔔和蕪菁切成薄片，盛入器皿中。淋上**2**。

—冬季沙拉—
Salade d'hiver

以檸檬和橄欖油做出清爽風味
大蔥雞肉沙拉

材料（4人份）

大蔥（蔥白部分）…2根份
A 白酒…1大匙
　檸檬汁…1/2大匙
　橄欖油…2小匙
　鹽、粗粒黑胡椒…各少許
月桂葉…1片
雞胸肉…1/2片
鹽、胡椒…各適量
檸檬（切成半圓形）、粗粒黑胡椒
　…各適量

作法

1. 將大蔥的蔥白部分直接放入耐熱容器中，撒上**A**，擺上月桂葉。鬆鬆地包上保鮮膜，放入600W的微波爐中加熱2分鐘，靜置放涼。
2. 雞胸肉撒上鹽和胡椒。鍋中倒水煮沸後放入雞肉煮約3分鐘，關火靜置放涼。
3. 大蔥切成3cm長，雞肉切成薄片。和檸檬一起盛入器皿中，撒上黑胡椒。

—夏季湯品—
Soupe d'été
西班牙風味冷湯

—春季湯品—
Soupe de printemps
蠶豆濃湯

—秋季湯品—
Soupe d'automne
鮮菇濃湯

勾起食慾的清爽酸味

西班牙風味冷湯

材料（小玻璃杯4個份）

蔬菜汁…250ml
法式長棍麵包…適量
原味優格…4大匙
橄欖油…少許
依喜好淋入白酒醋…隨意
粗粒黑胡椒…適量

作法

1 將蔬菜汁倒入器皿中，表面擺上切成薄片的法式長棍麵包。緩緩地放入優格。

2 滴入橄欖油、依喜好滴上白酒醋，撒上黑胡椒。

微甜的香軟口感

蠶豆濃湯

材料（小玻璃杯5個份）

蠶豆（淨重）…150g
A 無調整豆漿…200ml
牛奶…100ml
鹽、胡椒…各適量
依喜好添加鮮奶油…隨意
薄荷…適量

作法

1 從豆莢取出蠶豆，以鹽水煮過後剝除薄皮。

2 把**1**和**A**放入果汁機中攪打成滑順狀態。加鹽、胡椒調味，依喜好添加鮮奶油。

3 注入器皿中，擺上薄荷葉裝飾。

利用各種鮮菇煮出濃郁美味

鮮菇濃湯

材料（5人份）

鮮菇（蘑菇、舞菇、香菇等）…300g
洋蔥（切薄片）…1/4個
西洋芹（切薄片）…5cm
橄欖油…1大匙
A 白酒…1大匙
水…200ml
月桂葉…1片
牛奶…200ml
鹽、胡椒…適量
鮮奶油…適量

作法

1 鍋中倒入橄欖油加熱，放入洋蔥和西洋芹以小火翻炒。飄出香甜味後加入撥散的鮮菇翻炒，倒入**A**煮約10分鐘。

2 撈除月桂葉後倒入果汁機中攪打，加入牛奶攪拌均勻。

3 倒回鍋中加熱，撒鹽、胡椒調味。盛入器皿中，滴上鮮奶油。

<Story>

湯【soupe（法）】：在法國菜中，以加了各種配料燉煮融化而成的「濃湯」，和熬出食材精華煮成的清澈琥珀色「清湯」，這兩種湯品最具代表性。其他還有西班牙冷湯、日本味噌湯等世界各地的多種湯品。

三種慕斯

提引出烤到烏黑的蔬菜甜味

紅椒慕斯

材料（4人份）

紅椒（淨重）…150g（1～1個半）
牛奶…60ml
A 吉利丁粉…5g
　雞高湯（依指示加水溶解雞粉）…30ml
砂糖…5g
鹽、胡椒…各適量
鮮奶油…100ml
紅椒粉…適量

事前準備

・紅椒放在烤網上烤到外皮焦黑，過冰水去皮。切除蒂頭和種籽後取150g備用。

・將A混合均勻泡發。

作法

1 將烤過並去皮的紅椒切成大塊，和牛奶一起倒入果汁機中攪打成滑順狀態。

2 將1倒入鍋中煮到快要沸騰，加入泡發的A、砂糖，撒鹽、胡椒調成稍濃的味道。底部隔冰水，一邊攪拌到濃稠狀一邊降溫。

3 另取一調理盆倒入鮮奶油打至八分發，加到2中攪拌均勻。盛入器皿中，放進冰箱冷藏凝固。撒上紅椒粉。

選用當季新鮮豌豆

豌豆慕斯

材料（6人份）

豌豆（淨重）…180g
牛奶…30ml
A 吉利丁粉…9g
　雞高湯（依指示加水溶解雞粉）…45ml
鹽、胡椒…各適量
鮮奶油…150ml
依喜好添加酸奶油…隨意

事前準備

・把A放入耐熱容器中攪拌泡發。

作法

1 從豆莢取出豌豆，以鹽水煮過後撈起瀝乾水分。倒入食物調理機中攪打成泥狀，加牛奶攪拌均勻。倒入調理盆中。

2 將泡發的A放入微波爐中加熱融解，加到1中攪拌均勻。加鹽、胡椒調成稍濃的味道。

3 另取一調理盆倒入鮮奶油打至八分發，加到2中拌勻。

4 盛入器皿中，放進冰箱冷藏凝固。依喜好放上酸奶油。

味道和造型兼具特色的高湯凍

紅蘿蔔慕斯

材料（6人份）

金時紅蘿蔔…1～2根
A 吉利丁粉…8g
｜雞高湯（依指示加水溶解雞粉）…40ml
鹽、胡椒…各適量
鮮奶油…150ml
◆高湯凍
吉利丁粉…4g
白酒…20ml
雞高湯（依指示加水溶解雞粉）…100ml

事前準備

- 紅蘿蔔去皮切成一口大小，放入耐熱容器中鬆鬆地包上保鮮膜，放進600W的微波爐加熱3～5分鐘煮熟。用濾網磨成泥狀，取150g備用。
- **A**放入耐熱容器中攪拌泡發。

作法

1. 把泡發的**A**放入微波爐加熱融解。調理盆中倒入紅蘿蔔泥和**A**，攪拌均勻。加鹽、胡椒調成稍濃的味道。
2. 另取一調理盆倒入鮮奶油打至八分發，加到**1**中拌勻。
3. 盛入器皿中，放進冰箱冷藏凝固。
4. 製作高湯凍。吉利丁粉加白酒泡發，倒入加熱過的雞高湯攪拌至溶解。倒進保存容器中，放入冰箱冷藏凝固。用叉子等攪散，放在**3**上。

<Story>

慕斯【mousse（法）】：mousse在法文中有「青苔」和「泡沫」兩種意思，料理方面指的是在食材中加入氣泡稍微打發，呈現輕柔口感的菜色。選用當季蔬菜就能做出甜味明顯的慕斯。紅椒的時令在夏季，豌豆在春～初夏，金時紅蘿蔔則在秋～冬季。

不加雞蛋的健康美乃滋

豆腐美乃滋

材料（4～6人份）

板豆腐…1塊

A 橄欖油抹醬＊（市售品）…35g
法式芥末醬…20g
檸檬汁…2小匙
鹽…1/2小匙
胡椒…隨意

喜歡的蔬菜…適量

＊凝固成膏狀的橄欖油。

作法

1 瀝除板豆腐的水分。豆腐用廚房紙巾包起來，放進600W的微波爐中加熱2分鐘再放涼。

2 把**1**放進食物調理機中攪打成滑順狀態，加入**A**攪拌均勻。

3 盛入器皿中，附上蔬菜。

美味的蔬菜好夥伴

兩種沾醬

材料（4～6人份）

◎香草優格醬

原味優格…150g

普羅旺斯綜合香料＊…1/2小匙

鹽…1g

＊混合百里香、迷迭香、鼠尾草的綜合香料。

◎紅椒奶油起司醬

奶油起司…100g

紅椒粉…1小匙

檸檬汁…1/2小匙

作法

1 分別將兩種沾醬的所有材料充分混合均勻。

2 香草優格醬的作法如下：將濾茶器放在小型調理盆上，鋪上兩層紗布後倒入**1**，放進冰箱冷藏一晚瀝乾水分。

<Story>

沾醬【dip（英）】：沾在蔬菜或炸物上的霜狀或液狀醬料。雖然材料方面沒有特別規定，但大多是做成蔬菜泥，或使用鮮奶油、酸奶油或奶油起司等製成。準備數種沾醬就能享受到不同的口味變化。

{ 開胃小點 }

<Story>

可麗餅【crêpe（法）】：源自於法國西北部，布列塔尼區的傳統點心蕎麥粉煎餅〈p.32〉。始於16世紀左右，在2月2號聖蠟節（聖母瑪利亞行潔淨禮之日）烘烤這道豐盛的點心。現在，依添加餡料的不同可當成前菜或甜點來品嘗，種類相當廣泛。

依喜好捲包起來或做成束口袋狀

可麗餅前菜雙拼

材料

◆**可麗餅皮**（直徑20cm 6片份）

雞蛋…1個（50g）

細砂糖…15g

低筋麵粉…35g

鹽…一小撮

融化的奶油…5g

牛奶…130g

食用油…適量

◆**餡料**

A 凝脂奶油…90g

生火腿…6片

B 奶油起司…70g

煙燻鮭魚…1/2盒

作法

1. 製作可麗餅皮。調理盆中放入雞蛋和細砂糖攪拌，依序倒入過篩的低筋麵粉、鹽和融化的奶油充分攪拌均勻。倒入牛奶攪拌後，過濾。
2. 平底鍋熱鍋，抹上少許油，每次挖取略少於1湯杓的**1**倒入鍋中抹平，將雙面煎熟。
3. 捲包餡料。**A**餡料的作法是在3張餅皮上薄薄地塗上一層凝脂奶油，各放上2片生火腿，上面再塗上少許凝脂奶油捲包起來。以相同作法包好**B**後，一起放進冷凍庫冰凍。變硬後切成1.5cm寬的圓片。

[做成束口袋狀]

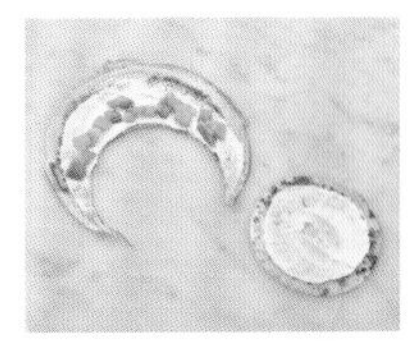

1）如照片所示，用比餅皮小上一圈的圈模切取餅皮，塗上鮮奶油。把切碎的生火腿（或煙燻鮭魚）放在彎月形的餅皮上。

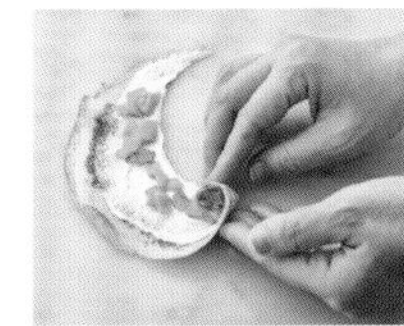

2）將彎月形餅皮捲包起來。

3）立起2，放在圓形餅皮的正中間，將餅皮捏出皺褶並往中間黏合。放進冰箱冷藏凝固。

以新奇的北歐小點打造餐桌話題

卡累利阿派

材料（10個份）

◆裸麥麵團

A 裸麥麵粉（細磨）⋯80g
水⋯45g
奶油（常溫）⋯7g
鹽⋯1.5g

◆牛奶粥

水⋯2大匙
飯⋯100g
牛奶⋯100ml
鹽⋯1g

裝飾用：融化的奶油⋯適量

◆奶油雞蛋

水煮蛋（全熟）⋯1個
奶油（常溫）⋯50g
鹽、胡椒⋯各適量

作法

1 製作裸麥麵團。將**A**倒入調理盆中混拌，揉捏到如耳垂般的硬度。當表面變光滑後包上保鮮膜，放進冰箱冷藏一晚。

2 製作牛奶粥。鍋中放入水和飯攪散。倒入牛奶開小火加熱，不時地攪拌直到煮成黏稠狀。加鹽放涼。

3 整形。用擀麵棍將裸麥麵團擀成1mm厚，以直徑10cm的圓模切取。中間各放上15～20g的牛奶粥，將周圍的麵皮往內捏出皺褶。

4 放入預熱到200℃的烤箱中烤約10分鐘，取出後立刻塗上融化的奶油。

5 製作奶油雞蛋。用叉子將水煮蛋壓碎，加奶油混合，撒鹽、胡椒調味。放在**4**的旁邊。

〔皺褶的作法〕

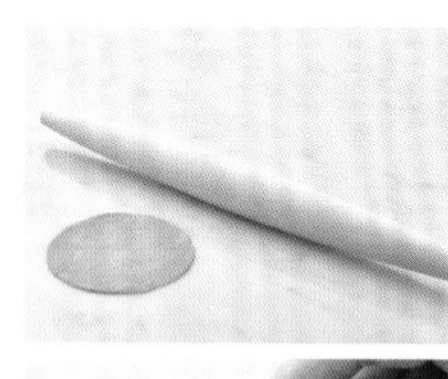

在芬蘭當地有裸麥麵團專用的擀麵棍。特色是頭尾兩端較細。

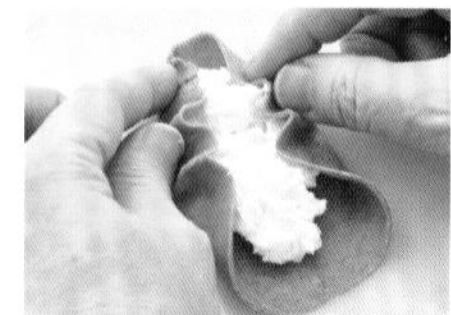

抓住麵皮左右兩邊，慢慢地抓捏出皺褶。

<Story>

卡累利阿派【karjalanpiirakka（芬）】：意思是卡累利阿地區的派餅，為芬蘭的經典點心之一。經常堆放在超市或咖啡館中販售。內餡是用牛奶煮成的米飯，味道清爽。可放上奶油雞蛋一起品嘗。

<Story>

泡芙【choux（法）】：法文高麗菜的意思，因為外形相似而得名。最初是在熱油中滴入奶油麵糊做成炸泡芙。17世紀發展成放進烤箱烘焙的方式，目前的外形是由名為Jean Avice的甜點師傅在1760年製作發明。

換個口味也不賴的鹹泡芙

兩種一口泡芙

材料（約20個份）

泡芙皮麵糊〈參考p.138的作法1～3〉
…1單位份

A 鮮奶油…30g
山葵泥…1/2～1小匙
鹽…少許

生火腿…適量

作法

1 將泡芙皮麵糊放入裝上口徑6mm圓形花嘴的擠花袋中。烤盤鋪上烘焙紙，擠出半量麵糊做成直徑2.5cm的圓球狀，剩餘的擠成3cm長的細條狀。放入預熱到180℃的烤箱中烤約15分鐘後放涼。

2 將A混合均勻打發後，填入球狀泡芙中。細條狀泡芙則用生火腿捲包起來。

雙色鹹蛋糕

濕潤鹹蛋糕

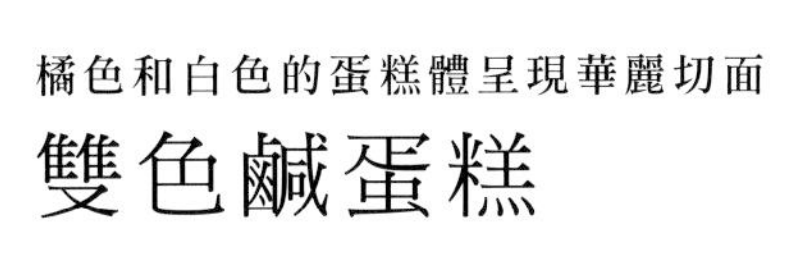

橘色和白色的蛋糕體呈現華麗切面

雙色鹹蛋糕

材料（高4×寬7×長18cm的磅蛋糕模〈小〉1條份）

A 雞蛋…1個
牛奶…40ml
植物油…15g
B 低筋麵粉…50g
泡打粉…1小匙
鹽、胡椒…各隨意
培根…35g
起司（格呂耶爾起司、高達起司等）…35g
橄欖（黑橄欖，切片）…25g
番茄泥…10g
羅勒葉…適量
配料：小番茄、迷迭香葉、羅勒葉…各適量

事前準備

・B混合後過篩。
・培根切粗條，起司切成8mm丁狀。
・烤箱預熱到170℃。

作法

1 把A放入調理盆中，用打蛋器充分攪拌到乳化。
2 倒入B用橡皮刮刀混拌，加鹽、胡椒。放入切碎的培根、起司和橄欖拌勻。
3 取半量麵糊加入番茄泥拌勻後，倒入模型中。表面鋪滿羅勒葉，上面再倒入剩餘的白色麵糊。
4 撒上對半切的小番茄、迷迭香葉和羅勒葉，放入170℃的烤箱中烤約25分鐘。

加入大量泡過牛奶的生麵包粉

濕潤鹹蛋糕

材料（容量25ml的心形矽製烤模約20個份）

A 低筋麵粉…80g
泡打粉…1小匙
牛奶…100ml
生麵包粉…50g
雞蛋…2個
砂糖…5g
鹽、胡椒…各少許
融化的奶油…80g
四季豆…6條
番茄乾…3個
培根…3片
奶油起司…45g

事前準備

・A混合後過篩。
・四季豆稍微水煮後切成8mm寬。番茄乾泡熱水回軟後切成5mm丁狀。培根切成8mm寬的條狀。奶油起司切成1cm丁狀。
・烤箱預熱到180℃。

作法

1 調理盆中倒入牛奶和麵包粉，靜置到麵包粉變得濕潤。
2 另取一調理盆打入雞蛋攪散，加入砂糖、鹽、胡椒和1攪拌。放入融化的奶油、切碎的配料和A混合均勻。
3 倒入模型中，放進180℃的烤箱中烤約20分鐘。

<Story>

鹹蛋糕【cake salé（法）】：用磅蛋糕模做成的鹹點。是常見的法國家庭點心，基本配料為起司和蔬菜。可以品嘗到繽紛又豐富的口味。來自英國的磅蛋糕在法國僅喚作蛋糕，salé是「鹹味」的意思。

材料
（直徑4cm×高1.5cm的矽製棒棒糖蛋糕模15個份）

白酒（不甜）…50g
雞肝…40g
A 奶油…15g
　鮮奶油…1大匙
　鹽…0.5g
　胡椒…少許
白蘭地…1小匙
西梅乾（去核）…5個
三明治吐司…3片
細葉香芹…隨意

作法

1 鍋中倒入白酒煮沸，放入雞肝。再次煮沸後煮約3分鐘，撈起瀝乾。

2 趁熱將**1**放入果汁機中攪打，加入**A**混合均勻。倒入白蘭地後過濾。

3 倒入擠花袋中，像擠出空氣般將慕斯擠入模具中至一半高度，放入切成3等份的西梅乾。再擠入慕斯直到模具邊緣，用抹刀刮除多餘慕斯。放進冷凍庫中冰凍凝固。

4 吐司切成4.5cm的正方形並烤過。放上脫模的慕斯解凍，擺上細葉香芹裝飾。

<Story>

慕斯【mousse（法）】：參考p.23。雞肝要打成慕斯狀，須將空氣攪拌進奶油中，再加上稍微打發的鮮奶油。添加奶油雖然可以延長保存期限，但最近流行輕柔口感，所以大部分會搭配鮮奶油。

迷你尺寸卻大滿足

起司葡萄柚甜點杯

材料（小玻璃杯8個份）

奶油起司…60g
檸檬汁…1/2小匙
鮮奶油…100g
鹽、胡椒…各少許
葡萄柚（白、紅）
…各1/4個
蜂蜜…少許

作法

1. 奶油起司加檸檬汁混合均勻。
2. 加入打到八分發的鮮奶油，以鹽、胡椒調味，盛入器皿中。放進冰箱冷藏。
3. 自葡萄柚的薄皮挖出果肉，切成小塊。放進調理盆中，淋上蜂蜜拌勻。擺放在**2**上。

<Story>

甜點杯【verrine（法）】：單字原意是沒有腳的玻璃杯，現在泛指用玻璃杯盛裝的料理或甜點。因為可以從側面看到慕斯、鮮奶油和水果等美麗的排列組合，令人食指大動之餘，外觀上也加分不少，是近年來相當活躍的派對餐點。

將布列塔尼名產做成開胃菜

蕎麥法式煎餅雙拼

材料（容易製作的份量）

◆法式煎餅皮

A 蕎麥粉…100g
　砂糖…20g
　鹽…少許

雞蛋…1個
水…250ml
融化的奶油…15g
食用油…適量

◎佃煮海苔＆起司（4片份）

佃煮海苔…80g
加工起司（片狀）…適量

◎蟹肉＆酪梨（4片份）

美乃滋…適量
蟹肉（罐頭，撥散）…60g
酪梨…1個
鹽、胡椒…各少許

作法

1　煎烤餅皮。A篩入調理盆中，分次倒入少量的蛋液用打蛋器攪拌。以相同的方式倒水攪拌後過濾。加入融化的奶油混合均勻。

2　平底鍋抹上少許油熱鍋，每次挖取略少於1湯杓的1倒入鍋中，迅速搖晃平底鍋讓麵糊平均鋪滿鍋底。將雙面煎熟，注意不要煎過頭。

3　【佃煮海苔＆起司】
在餅皮上塗一層薄薄的佃煮海苔醬，放上加工起司捲起餅皮，切成一口大小。

【蟹肉＆酪梨】
在餅皮上塗一層薄薄的美乃滋，放上蟹肉、2～3片酪梨薄片，撒上鹽、胡椒後捲包起來。切成一口大小。

<Story>

蕎麥法式煎餅【galettes au sarrasin（法）】：用蕎麥粉做成的薄餅，是法國布列塔尼區眾所皆知的名產。Galette是「圓形薄煎餅」的意思。可放入各種餡料當輕食享用。通常會搭配同一地區的名產蘋果氣泡酒cider一起品嘗。

利用市售預拌粉簡單做出馬卡龍鹹點

馬卡龍小點雙拼

材料
（直徑4cm的馬卡龍約15組份）

◆馬卡龍餅皮
馬卡龍用預拌粉（市售品）…50g
水…適量（依包裝指示）
喜歡的食用色素、水…各少許
A 杏仁粉…50g
　糖粉…50g

◎**咖哩口味**（5組份）
B 生杏仁膏…15g
　奶油（常溫）…15g
　咖哩粉…1g
　鹽……少許
福神醬菜…適量

◎**味噌口味**（5組份）
C 生杏仁膏…15g
　奶油（常溫）…15g
花生味噌醬…15g

事前準備

・烤箱預熱到140℃備用。

作法

1 製作馬卡龍餅皮。馬卡龍預拌粉加水混合，用電動攪拌器打發。依喜好倒入加水調勻的食用色素。
2 A混合後篩入1中，用橡皮刮刀混拌均勻。
3 倒入裝好口徑8mm圓形花嘴的擠花袋中，在鋪了烘焙紙的烤盤上擠出直徑3.5cm的圓形。
4 放進140℃的烤箱中烤約12分鐘後放涼。

【咖哩口味】
B混合均勻後擠在馬卡龍餅皮上，擺上切碎的福神醬菜，用另一片餅皮包夾起來。

【味噌口味】
C混合均勻後擠在馬卡龍餅皮上，放上花生味噌醬，用另一片餅皮包夾起來。

<Story>

馬卡龍【macaron（法）】：據說發祥地在義大利，原本是用蜂蜜、杏仁和蛋白製成的點心。麥地奇家族（Medici）的凱薩琳公主和亨利二世結婚時帶到法國，之後，在法國各地更研發出了各式各樣的馬卡龍。

<Story>

千層酥【mille-feuille（法）】：mille是「千」，feuille是「葉」的意思，因酥餅外形如層層疊起的落葉般而得名。由摺疊派皮（通稱酥皮麵團）和卡士達鮮奶油疊成的點心名稱，是18世紀法國甜點師傅Rouge的得意之作，風靡當時的巴黎。現在只要是多層疊起的料理也會以此命名。

酥皮和馬鈴薯沙拉的不同口感令人樂在其中

馬鈴薯沙拉千層酥

材料（約10個份）

摺疊派皮麵團〈參考p.139〉…1單位份
馬鈴薯…2個
紅蘿蔔…40g
小黃瓜…1/2條
洋蔥…1/4個
火腿…1片
A 美乃滋…3大匙
｜鹽、胡椒…各適量
洋香菜（切末）…1小匙

作法

1 用擀麵棍將摺疊派皮麵團擀成2mm厚，放在烤盤上。拿叉子戳洞後，再疊上一片烤盤在派皮上，放入預熱到180℃的烤箱中烤10分鐘。

2 移走上方烤盤，轉到170℃再烤5分鐘。放涼後切成3cm的正方形。

3 製作馬鈴薯沙拉。馬鈴薯水煮後去皮，壓成泥狀。紅蘿蔔切成扇形片狀水煮。小黃瓜、洋蔥切成薄片加鹽抓揉，瀝乾水分。火腿切碎。

4 **3**混合均勻加**A**調味，撒入洋香菜。

5 以3片酥皮為一組，中間夾入馬鈴薯沙拉。

柔和的酸味與白酒超搭

醋漬鵪鶉蛋

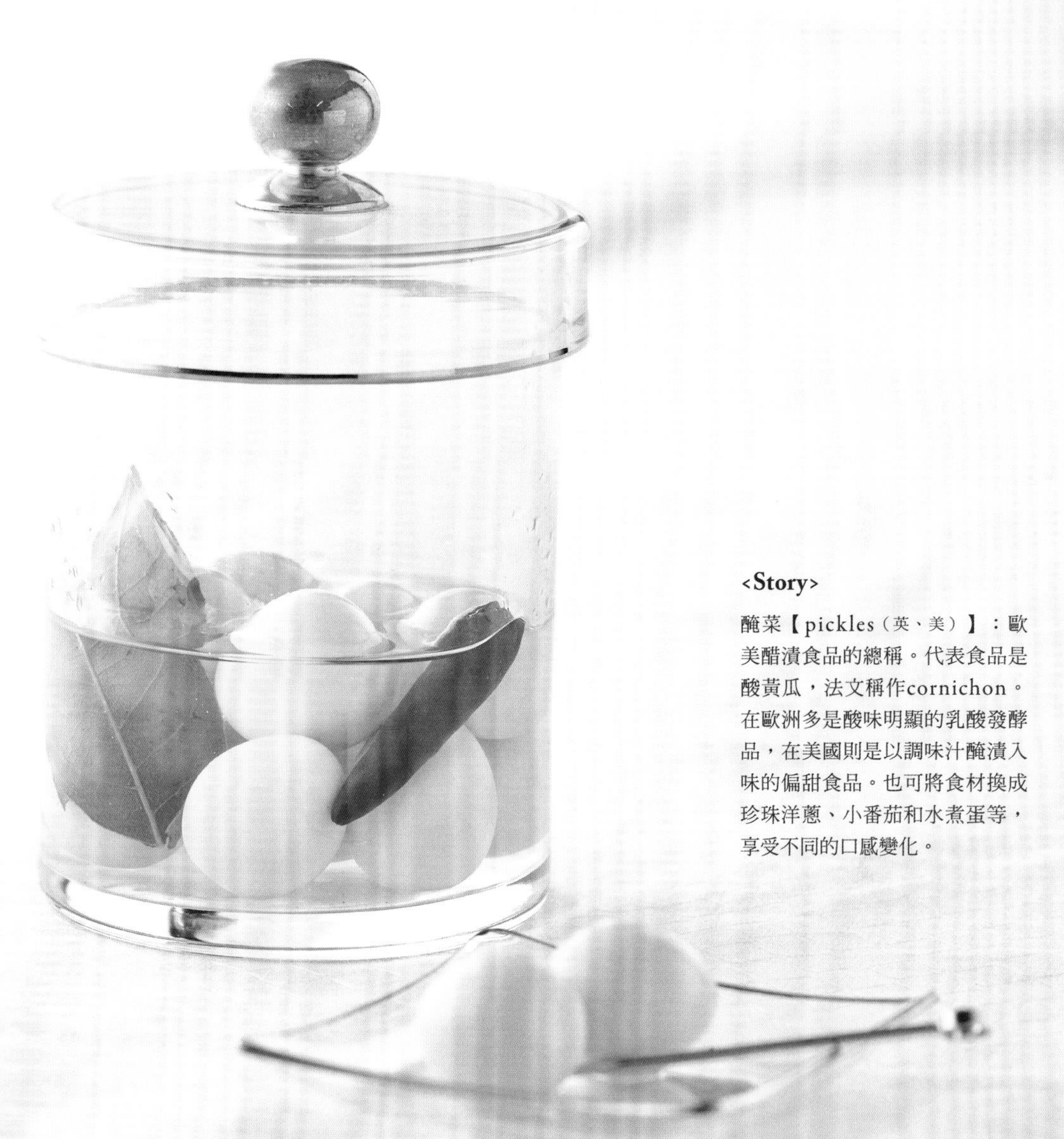

<Story>

醃菜【pickles（英、美）】：歐美醋漬食品的總稱。代表食品是酸黃瓜，法文稱作cornichon。在歐洲多是酸味明顯的乳酸發酵品，在美國則是以調味汁醃漬入味的偏甜食品。也可將食材換成珍珠洋蔥、小番茄和水煮蛋等，享受不同的口感變化。

材料（容易製作的份量）

鵪鶉蛋…15個

A 白酒醋…50ml

- 水…50ml
- 黑胡椒粒…5粒
- 鹽…1/3小匙
- 砂糖…1又1/2小匙
- 紅辣椒…1/2條
- 月桂葉…1/2片

作法

1. 鵪鶉蛋水煮後剝殼。
2. 將**A**倒入不鏽鋼鍋或琺瑯鍋中開火加熱，煮到快沸騰時離火。
3. 將鵪鶉蛋、**2**放入夾鏈袋中，盡量將空氣擠出後封緊袋口。放在冰箱冷藏醃漬1天以上。

※製作醃料的醋，除了白酒醋外，也可以用蘋果醋或米醋代替，享受風味變化的樂趣。優點是能事先做好備用。請依喜好調整酸甜度。

六種基本款雞尾酒

以下介紹餐前酒派對必備的基本款雞尾酒。
自製調酒的優點是可依喜好搭配酒款與比例。
試著調出客人喜歡的口味吧！

Moscow Mule　　**American Lemonade**　　**Kir**

用萊姆汁和薑汁汽水調配

莫斯科騾子

材料（1人份）

A 伏特加…45ml
　萊姆汁（鮮榨）…15ml
　薑汁汽水…適量
萊姆（切成半圓形）…1/4個

作法

1 把A注入裝好冰塊的玻璃杯中攪拌。
2 放入萊姆片。

用紅酒和檸檬汁做出雙層變化

美國檸檬汁

材料（1人份）

A 檸檬汁（鮮榨）…40ml
　泡泡糖糖漿（市售）…15ml
　礦泉水…適量
紅酒…30ml

作法

1 將A注入玻璃杯中攪拌，做成檸檬汁。放入冰塊。
2 在1上緩緩地注入紅酒，做出雙層。

來自勃艮地的雞尾酒

基爾酒

材料（1人份）

白酒（盡量使用勃艮地生產的不甜酒款）…120ml
黑醋栗香甜酒〈參考p.76〉…30ml

作法

將所有材料注入玻璃杯中攪拌。

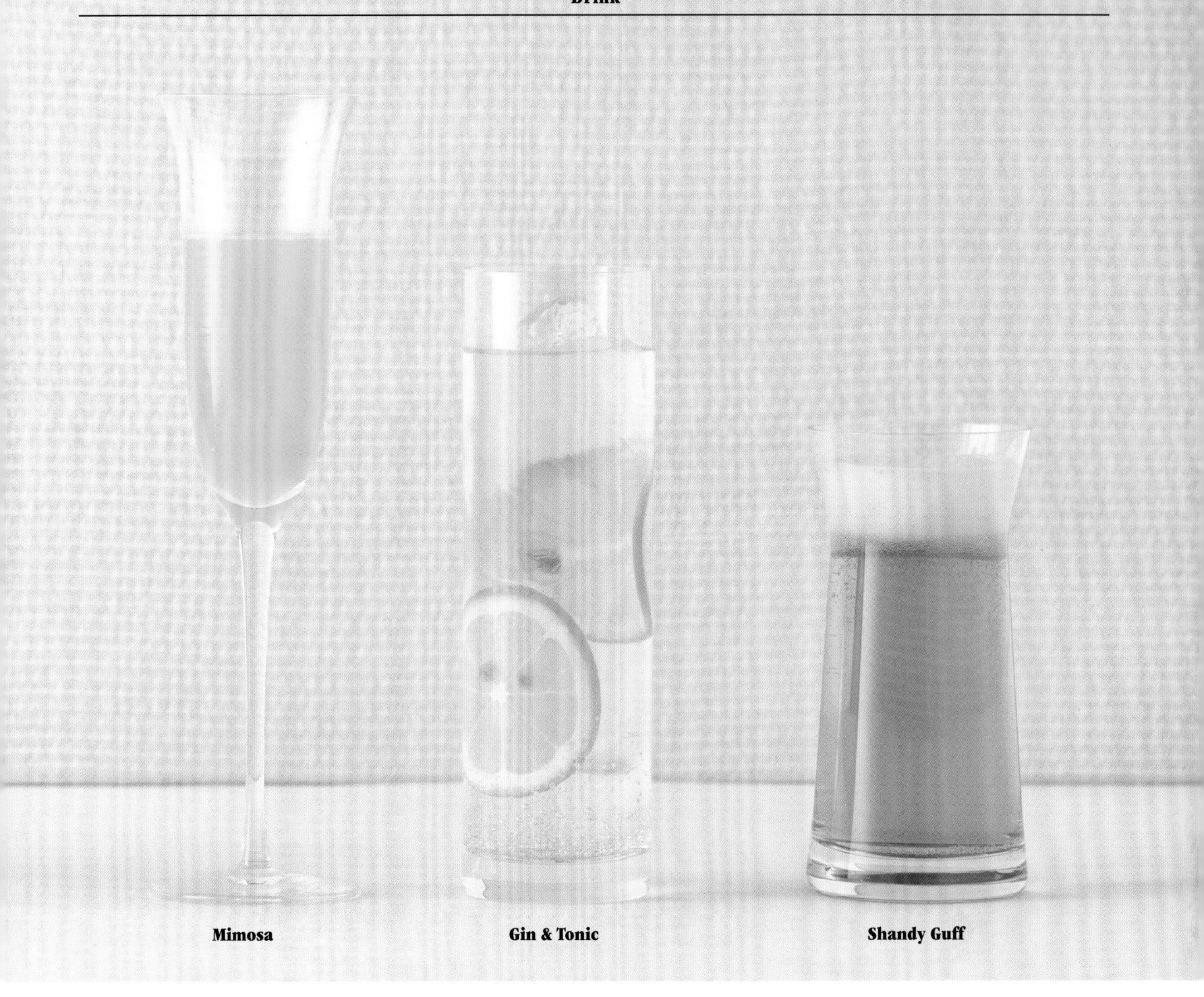

Mimosa　　Gin & Tonic　　Shandy Guff

以香檳基酒呈現華麗感

含羞草

材料（1人份）

香檳…50ml
柳橙汁（鮮榨）…50ml

作法

將所有的材料注入玻璃杯中輕輕攪拌。

適合佐餐的爽口飲料

琴通寧

材料（1人份）

A 乾琴酒（Dry Gin）…30ml
｜通寧水…120ml
檸檬（切薄片）…1～2片

作法

1 將A注入裝好冰塊的玻璃杯中攪拌。
2 放入檸檬片。

推薦給不擅飲酒的人

香蒂格夫

材料（1人份）

啤酒…80ml
薑汁汽水…80ml

作法

1 啤酒分2次注入玻璃杯中，倒出美麗的泡沫。
2 緩緩地注入薑汁汽水，小心不要破壞啤酒的泡沫。

辦一場完美的餐前酒派對

擺盤訣竅 I

妝點餐桌的器皿使用技巧。將現有的餐具或手邊食材稍做變化，
就能呈現出截然不同的氛圍。請務必嘗試看看。

— idée —
1

將單人份餐點分別盛裝於簡潔的酒杯中

在清酒酒杯中分別裝好單人份開胃菜後端上桌。帶圈足的器皿成了裝飾亮點。設計簡潔的酒杯適合搭配各種菜餚，相當方便。

— idée —
2

以檸檬皮代替器皿

檸檬縱向對半切開，將果肉連同內皮部分挖取乾淨，留外皮作為器皿。美麗的黃色外皮相當亮眼，適合盛裝色澤樸素的菜餚。把香草葉片等撒在托盤上更顯時髦。

肉、魚類開胃菜

Chapitre 2.

Viandes et Poissons

鹽漬1週&低溫烹調的絕品

自製水煮火腿

材料（容易製作的份量）

豬里肌塊…500g

A 鹽…9g
 砂糖…7g
 粗粒黑胡椒…1g

B 洋香菜（切末）…1枝
 月桂葉（撕碎）…1片
 迷迭香…1枝
 百里香…1枝
 丁香…2～3粒

自製蜂蜜芥末醬〈參考下述〉…適量

〔自製蜂蜜芥末醬〕

份量和作法

保存容器中放入90g的芥菜籽和約180ml的白酒醋浸泡，靜置一晚。放入果汁機或食物調理機中攪打成喜歡的粗細度，加入1小匙鹽、略多於2小匙的蜂蜜調味。可依喜好添加乾燥香草或水果糊。

作法

1 拿叉子在豬肉上戳出數個洞，用**A**充分搓揉均勻，撒上**B**。用烘焙紙或紗布包起來，放入保鮮袋中進冰箱冷藏1週。

2 豬肉泡水30分鐘去除鹽分。擦乾水分，包上兩層保鮮膜避免空氣和水進入。

3 厚鍋中倒水並開火加熱，快要煮沸時放入**2**。蓋上鍋蓋再度煮到快沸騰，關火靜置2小時。

4 再度開火，煮到快沸騰時蓋上鍋蓋，關火靜置1小時。

5 連同保鮮膜取出豬肉放涼。切成容易入口的大小，附上自製蜂蜜芥末醬。

｛肉類開胃菜｝

<Story>

火腿【ham（英）】：正宗火腿作法是先鹽漬再乾燥、燻製，熟成，但在一般家庭中很難做到。因此以簡易的鹽漬法&低溫烹調來取代，做成濕潤口感。花1週時間加鹽醃漬熟成後，再用快沸騰的80℃熱水以低溫慢慢地加熱肉品，能避免肉汁流出，做出濕潤美味的火腿。

用甜×鹹搭配出下酒好滋味

香煎培根甘栗串

材料（5～6人份）

培根（方塊）…100g
食用油…少許
西梅乾（去核）…5～6粒
天津甘栗（去皮）…5～6粒

作法

1. 培根切成2cm丁狀，平底鍋抹上少許油，入鍋煎到稍微上色。
2. 西梅乾、甘栗切成4等份。
3. 把西梅乾、甘栗放在培根上，插上短叉。

<Story>

【天津甘栗】：將甜味明顯且方便去殼的小顆中國栗子，放在裝了熱石頭的鍋中邊撒水飴糖漿邊翻炒而成。雖然冬季的歐洲街頭也有賣炒栗子，但用的是品種不同的歐洲栗，也不會撒水飴糖漿。

製作迅速又解饞

肉派

材料（6個份）

摺疊派皮麵團〈參考p.139〉…1單位份

A 絞肉…50g

│番茄肉醬（市售品）…1人份

蛋液…適量

作法

1 用擀麵棍將派皮麵團擀成5mm厚，切成10cm的正方形。A混合均勻。

2 將A放在派皮上，四邊抹水對半摺，拿叉子確實壓緊。

3 表面塗上蛋液，放入預熱到190℃的烤箱中烤約10分鐘。再轉到180℃烤15分鐘。

<Story>

肉派【meat pie（英、澳、美及其他）】：用千層酥皮（通稱派皮麵團）包住調味好的牛、豬、雞等絞肉烘烤而成。多被視為英國的傳統料理，但以美國、澳洲為首的世界各地都有肉派這道菜，起源尚未有定論。

用方便的中式調味料迅速完成

醬蒸豬五花

材料（4人份）

豬五花薄片…300g

A 海鮮醬＊…2大匙
酒…2小匙
醬油…2小匙
太白粉…2小匙

芋頭…6個

蓮藕…5cm

紅蘿蔔…1/2根

鹽…適量

白果（水煮）…16個

大蔥…5cm

香菜（有的話）…隨意

＊黃豆醬加芝麻、大蒜和香辛料混合成的廣東風味甜麵醬。

作法

1 豬肉切成容易入口的大小，和A一起放入調理盆中拌勻，靜置約30分鐘。

2 根菜類去皮，芋頭對半切，蓮藕、紅蘿蔔切成一口大小。芋頭和蓮藕泡水後擦乾水分。全部混合均勻後整體撒上鹽。

3 將2和白果放在耐熱容器上，再擺上豬肉（連同醃料）。放入冒出蒸氣的蒸鍋中，蓋上鍋蓋開大火蒸25分鐘。

4 連同器皿取出，放上大蔥絲，擺上香菜裝飾。

蔬菜和肉事先調味的話，就能在客人進門前再開始蒸。熱呼呼的料理直接端上桌，也是蒸煮菜色的魅力之一。也可以用1人份小盤分裝後再蒸。

<Story>

【蒸煮料理】：肉類和魚有各種烹調法，水煮、火烤、油炸等，用水蒸氣加熱的「蒸煮」法，由於不會因溫度過高造成湯汁等鮮味流失，所以可以保留食材本身的鮮美與風味。因此，食材的新鮮度相當重要。

塞滿雞肉蘑菇醬的一口酥

皇后一口酥

材料（6個份）

摺疊派皮麵團〈參考p.139〉
…1單位份
蛋黃…1個份
奶油…10g
洋蔥（切末）…1/4個
蘑菇（切薄片）…4個
雞肉（腿肉或雞胸肉，切成1cm丁狀）
…100g
白蘭地…2小匙
鹽、胡椒…各適量
白醬（市售品）…150g
洋香菜（切末）…適量

作法

1. 摺疊派皮取3/4的份量，擀成5mm厚再用直徑5cm的菊型模切取，中間用直徑3cm的圓模挖空（派皮**a**）。剩下的1/4份量，擀成2mm厚，戳出氣孔後，用直徑5cm的菊型模切取（派皮**b**）。
2. 在派皮**b**的周圍抹水，蓋上派皮**a**，邊緣用刷子塗上蛋黃。中間放入重石，送進預熱到180℃的烤箱中烤約15分鐘。
3. 平底鍋中放入奶油加熱，加入洋蔥翻炒到軟化。放入蘑菇、雞肉翻炒，淋上白蘭地。撒鹽、胡椒後倒入白醬翻炒均勻。
4. 取**3**填滿**2**，盛入器皿上，撒上洋香菜。

<Story>

皇后一口酥
【bouchée à la Reine（法）】：「皇后風味一口酥」的意思。Bouchée指的是一口大小的食物。以千層酥皮（通稱派皮麵團）為器皿填滿餡料做成的菜色或甜點。據說想出這道點心的是法國國王路易十五的王后——瑪麗蕾捷斯卡（Maria Leszczyńska）身邊的廚師，是她最愛的食物之一。

基本菜色加水果變身時髦風味

東坡肉
淋水果醬汁

材料（5～6人份）

東坡肉（市售品）…1盒（180g）
柳橙…1個
A 東坡肉醬汁…50ml
　檸檬汁…1小匙
　白蘭地…2小匙

作法

1 東坡肉切成一口大小。柳橙剝除外皮，果肉切成1cm丁狀；外皮先刮除白色纖維部分，再切成3mm寬×10cm長的條狀後打結。
2 鍋中放入**A**開火加熱，沸騰後放入東坡肉。再次煮沸後放入柳橙果肉，關火。
3 盛入器皿中，擺上打結的外皮裝飾。

<Story>

【豬肉×水果】：豬肉和水果的組合相當對味，像中國菜或西方菜中常見的糖醋排骨配鳳梨、烤豬肉佐莓果醬等。肉鮮味美的豬肉和風味清爽的柳橙是經典組合。

{ 海鮮開胃菜 }

水煮蛋配酸黃瓜

甜蝦拌塔塔醬

材料（6人份）

甜蝦（切除頭尾）…約200g

A 酸黃瓜（切末）…1大匙
- 水煮蛋（全熟，切碎）…1/2個
- 西洋芹（切末）…1小匙
- 洋香菜（切末）…少許

B 橄欖油…2小匙
- 檸檬汁…1小匙
- 鹽、胡椒…各適量

檸檬（切扇形薄片）…適量

作法

1. 甜蝦用菜刀敲碎。和**A**一起放入調理盆中，加**B**拌勻。
2. 盛入器皿中，以檸檬裝飾。

利用果汁的酸味做出清爽口感

鮪魚拌塔塔醬

材料（6人份）

鮪魚背骨肉…1盒（約200g）

A 洋蔥（切末）…1/8個
- 洋香菜（切末）…2小匙

B 百香果泥（沒有的話就用檸檬汁）…2/3～1大匙
- 橄欖油…1大匙
- 鹽、胡椒…各適量

作法

1. 用菜刀將鮪魚背骨肉敲碎。
2. 將**1**、**A**放入調理盆中，加**B**拌勻。

<Story>

塔塔醬【tartar（法）】：水煮蛋、洋蔥、洋香菜、醃菜等切碎後加美乃滋拌勻的醬料。經常搭配炸蝦或白肉魚享用。還有將生牛肉或馬肉切碎加上佐料和蛋黃，名為韃靼牛肉（Steak tartare）的料理。這裡取將生鮮食材剁碎並加入調味料拌勻之意，把食材換成鮪魚和甜蝦。

<Story>

【油漬】：參考p.14。以鮪魚罐頭或油漬沙丁魚為主的海鮮類油漬罐頭相當普遍。除了依以下食譜加熱後再油漬外，還可以在生海鮮上撒鹽後擦乾水分，和香草類一起油漬再煎烤至鬆軟。起司或豆腐也能做成油漬品，以相同作法來享受樂趣。

淋入醬油事先調味

油漬牡蠣

材料（4人份）

牡蠣…1盒（約15個）

A 橄欖油…1大匙
- 紅辣椒…1條
- 大蒜（切片）…1片

白酒…1大匙

醬油…2小匙

B 番茄乾（泡熱水回軟切成一口大小）…3個份
- 月桂葉…1片
- 西芹籽…1/2小匙

油（橄欖油和食用油等量拌勻）…適量

作法

1. 用流水清洗牡蠣，擦乾水分。
2. 把**A**倒入平底鍋中開小火加熱。煸到大蒜上色後連同紅辣椒一起取出，放入牡蠣開大火迅速翻炒。倒入白酒，炒到湯汁收乾。
3. 淋入醬油，取出牡蠣。如果還有殘留的醬汁，轉小火熬煮。
4. 將牡蠣、**B**、剩餘醬汁（有的話）放入保存容器中，倒油蓋過牡蠣並蓋上蓋子，靜置一晚以上。

食用前稍微烤過也很美味

油漬沙丁魚

＜Oiled Sardine＞

材料（4人份）

沙丁魚（生魚片用）…8尾

8%的食鹽水…約1L

食用油…適量

A 檸檬（切圓形薄片）…2片
- 百里香…1枝
- 月桂葉…1片
- 紅辣椒…1條
- 黑胡椒粒…5粒

作法

1. 沙丁魚切除頭部後切成3片。排放在方盤上，倒入食鹽水淹過魚片後包上保鮮膜，放進冰箱冷藏約2小時。
2. 仔細擦乾水分後放入鍋中。倒入食用油蓋過魚片，加入**A**。
3. 開中火加熱，當鍋邊咕嚕冒泡後關火，直接放涼，靜置一晚以上。

<Story>

紙包料理【papillote（法）】：用紙包住食材烹調的菜色。原本是製作小牛背肉等肉片料理的方式，先加熱再切成心形，抹油後包上白紙放進烤箱烘烤。紙包會因熱氣而膨脹。這裡用秋刀魚做這道料理，將紙綁成適合餐前酒派對的小型束口袋狀。

孜然香氣充滿異國風味

紙包秋刀魚

材料（8～10人份）

秋刀魚…2尾
鮮菇（鴻喜菇、蘑菇等）…1盒
洋蔥（切細條）…1/2個
檸檬（切成扇形薄片）…8～10片
橄欖油…適量
孜然籽、鹽、胡椒…各適量

作法

1 秋刀魚切除頭部和內臟，切成4～5等份的段狀。

2 菇類切除底部，分切成容易入口的大小。

3 準備8～10張18cm見方的烘焙紙，中間各放上等份的洋蔥、**1**、**2**和檸檬。各淋入1小匙橄欖油，撒上各少許孜然籽、鹽和胡椒。

4 將烘焙紙包成束口袋狀，綁上棉繩。放入預熱到250℃的烤箱中烤10～15分鐘。

用扇貝殼擺盤呈現法式風情

貝皿小點

材料（4人份）

生干貝（盡量選用帶殼的）
…240g（淨重）
蝦仁…130g
白蘑菇…10個
醃黃瓜＊…2～3個
奶油…25g
鹽、胡椒…各適量
白醬（市售品）…150g
洋香菜（切末）…適量

＊小條醃黃瓜。

作法

1 生干貝切成一口大小（若有帶殼，先切取貝肉洗淨，清除內臟和沙筋）。蘑菇切成4塊，醃黃瓜切碎。

2 鍋中放入奶油融解，加入**1**、蝦仁以大火翻炒，撒鹽、胡椒。倒入白醬，煮到快沸騰時關火。

3 盛入器皿（有的話使用扇貝殼）上，撒上洋香菜。

<Story>

貝皿料理【coquille Saint-Jacques（法）】：扇貝或淡菜等海鮮的湯汁加麵糊奶油燉煮後，再盛入扇貝殼中的料理。在法國除了餐廳外，甜點店的熟食區（現成小菜、用餐區）也看得到。

使用氣泡水縮短燉煮時間

柔煮章魚

材料（6人份）

水煮章魚…300g
氣泡水…適量
白酒…2大匙
月桂葉…1片
A 洋香菜（切末）…1大匙
　蒔蘿（切末）…適量
　黑橄欖…10粒
　橄欖油…1大匙
鹽、胡椒…各適量
擺盤用：蒔蘿…適量

作法

1　鍋中放入切成一口大小的章魚，倒入氣泡水直到蓋過章魚。開火煮沸後轉小火，蓋上落蓋燉煮1小時。水量減少的話隨時倒氣泡水補足，讓章魚保持浸泡於水中的狀態。

2　章魚煮軟後，加入白酒、月桂葉再煮10分鐘。

3　關火倒入**A**。加鹽、胡椒調味並放涼。盛入器皿中，以蒔蘿裝飾。

<Story>

【章魚煮法】：要煮出軟嫩的章魚，可迅速汆燙避免肉質變硬，或是用燉煮約2小時等方法。後者雖然費時，優點是可燉煮入味。用壓力鍋可以縮短燉煮時間，不過，就算是普通鍋具，用氣泡水燉煮的話，也可軟化章魚的肉質纖維，縮短一半的燉煮時間。

散發爽朗的香草和檸檬香氣

上湯旗魚

材料（5～6人份）

旗魚（肉片）…3塊
鹽…少許
高湯（依指示加水溶解高湯粉）
…約500ml
A 白酒…1大匙
月桂葉…1片
洋香菜梗……1根
檸檬（切片）…1片
鹽、胡椒…各少許
薄荷…適量

作法

1 旗魚雙面撒鹽醃10分鐘，擦乾流出的水分。

2 鍋中倒入高湯煮沸，放入**1**、**A**。在高湯即將再度煮沸前關火，利用餘熱悶熟，直接放涼。

3 將旗魚切成一口大小，連同湯汁盛入器皿中（如果有檸檬的話，對半切開挖除果肉當器皿），撒上薄荷。

※冷藏可存放3～4天，連同湯汁冷凍的話可保存2週。

<Story>

【旗魚】：因為肉質清淡沒有腥味，所以事先用高湯煮入味。和自製水煮火腿（p.40）一樣，用快沸騰的80℃熱湯慢慢加熱的話，就能煮出軟嫩不乾澀的口感。

六種變化款雞尾酒

若是端出別緻的原創調酒，應該會讓客人讚嘆不已。
思考搭配飲品的玻璃杯也是件樂事。

Sake Sour

Raw sugar Sour

Sangria with Oranges

使用吟釀酒會更順口

清酒沙瓦

材料（1人份）

A 日本酒…45ml
　檸檬汁（鮮榨）…15ml
　泡泡糖糖漿（市售品）…15ml
　氣泡水…適量
檸檬（切片）…2片

作法

1 將A注入裝好冰塊的玻璃杯中攪拌均勻。
2 放入檸檬片。

金色蘭姆酒和黑糖超對味

黑糖沙瓦

材料（1人份）

蘭姆酒（金色）…30ml
黑糖（粉狀）…5g
氣泡水…120～150ml
萊姆（切成半月形）…1/6個

作法

1 將蘭姆酒和黑糖粉倒入玻璃杯中，充分攪拌到黑糖溶解。
2 加入冰塊和氣泡水拌勻。放入萊姆。

搭配白酒做出水果味

柳橙桑格莉亞

材料（1人份）

A 柳橙（連皮切成一口大小）
　　…1/2個份
　白酒…120ml
　柑曼怡…1/2～1小匙
依喜好添加蜂蜜或楓糖…適量
肉桂棒…1根

作法

1 把A注入玻璃杯中攪拌，放進冰箱冷藏1小時以上。
2 依喜好注入蜂蜜或楓糖攪拌。附上肉桂棒。

Calpis & Apricot

無酒精 Green tea with Mint

Cidre & Strawberry

使用常見的乳酸飲料

可爾必思杏桃調酒

材料（1人份）

可爾必思（原味）⋯120ml
杏桃蒸餾酒（或杏桃白蘭地）
⋯15ml

作法

將所有材料注入玻璃杯中攪拌。

微帶氣泡的時髦無酒精飲品

薄荷綠茶

材料（1人份）

A 綠茶粉⋯1g
　水⋯50ml
　氣泡水⋯60ml
薄荷⋯適量

作法

1 另取一玻璃杯倒入A，緩緩地攪拌均勻。
2 把1注入裝好冰塊和薄荷的玻璃杯中，若有多餘的薄荷葉可用於裝飾。

微甜滋味深受女性歡迎

蘋果草莓調酒

材料（1人份）

草莓果泥（市售品）⋯30ml
泡泡糖糖漿⋯10ml
蘋果酒*⋯120ml

*蘋果製成的氣泡酒。

作法

1 草莓果泥和泡泡糖糖漿充分混合均勻。
2 把1和冰塊倒入玻璃杯中，緩緩地注入蘋果酒做出雙層狀。

{ 日式開胃菜 }

用迷你壽司做成美麗小點

壽司泡芙球

材料（40個份：4個×10人份）

偏硬的熱飯…320g
壽司醋…2大匙
壽司用鮪魚片、鯛魚、片開的
　全蝦（切成2×3cm大的薄片）
　…各10片
小黃瓜（切圓形薄片）…30片
紅蘿蔔花、山葵泥…各適量

作法

1. 飯加壽司醋拌勻，做成醋飯。
2. 攤開如手掌般大小的保鮮膜，依序放上一片海鮮和8g醋飯，包緊保鮮膜捏成圓形。在醋飯上放3片小黃瓜擺成三角形，同樣捏成圓形。
3. 4個一組盛放在器皿上。擺上點入山葵泥的紅蘿蔔花裝飾。

<Story>

泡芙球【profiterole（法、義）】：在烤好的小泡芙中填入鮮奶油塞滿，再淋上醬料的甜點或鹹食。這裡介紹的是將壽司球做成泡芙造型的日式開胃菜。以繽紛色彩呈現款待氛圍。

捲成條狀再分切成容易入口的大小

高麗菜捲淋芡汁

<Story>

高麗菜捲【cabbage roll、stuffed cabbage（英）】：源自用葡萄葉包裹羊膝肉的土耳其菜餚多爾瑪（dolma）。在15～16世紀傳入歐洲，明治時代時傳到日本。這裡介紹的是日式芡汁口味。淋上太白粉或葛粉芡汁的料理不易變冷，伴著湯汁食用也比較好入口。

材料（5～6人份）

高麗菜…4～5片
A 雞絞肉…250g
　雞蛋…1個
　鹽、胡椒…各適量
麵包粉…2大匙
牛奶…1大匙
洋蔥（切末）…1/2個
香菇（切末）…2朵
紅蘿蔔（切末）…1/3條
太白粉…適量

作法

1 高麗菜用保鮮膜包起來放進600W的微波爐加熱2分鐘。斜切下厚葉梗後切碎。

2 調理盆中放入**A**搓揉均勻，加入泡過牛奶的麵包粉、洋蔥、香菇、紅蘿蔔、切碎的高麗菜梗拌勻。

3 將高麗菜鋪在烘焙紙（30×30cm）上，整體撒上太白粉。在對側留白2cm後均勻地塗抹上**2**，從近前側捲起並包上烘焙紙，再包上保鮮膜。

4 放入冒出蒸氣的蒸鍋中，蓋上鍋蓋以大火加熱20分鐘。取出後靜置20分鐘。

5 切成2cm寬的一口大小後盛入器皿中。將流出的湯汁倒入小鍋中加熱，將1～2大匙的太白粉加雙倍水量調勻後倒入鍋中煮成芡汁，淋在高麗菜捲上。

<Story>

【豆腐白醬涼拌菜】：瀝水後的豆腐加味噌或芝麻混合，搭配事先煮好的蔬菜等食材拌勻，是基本的日式小菜。也可以將涼拌醬當成豆腐沾醬，拿蔬菜棒沾取食用。低卡路里高蛋白質的豆腐料理，相當適合以健康飲食為取向的人們。

柿子柔和的甜味為基本小菜加分不少

鮮菇甜柿拌豆腐白醬

材料（4人份）

柿子…4個（以外皮為器皿時＊）
鴻喜菇、香菇…各1盒
菠菜…1/4把
醬油…適量
板豆腐…1/3塊
A 砂糖…1/2小匙
│ 味噌…1小匙

＊如果不拿外皮作為器皿的話，4人份用1顆柿子即可。

作法

1 以柿子外皮當器皿用時，水平切開上部當果蓋，用湯匙挖出果肉當容器。取1顆份的果肉切成條狀。

2 菇類部分皆切除底部，鴻喜菇剝小塊，香菇切片，迅速汆燙後淋上少許醬油拌勻。菠菜汆燙後擰乾水分，切成2cm長，淋上少許醬油拌勻。

3 用廚房紙巾包好豆腐，放進600W的微波爐中加熱2分鐘，放涼。放到研磨缽或食物調理機中攪打成泥狀，加**A**調味，放入柿子和瀝乾水分的**2**拌勻。盛入柿子器皿中。

炸得鬆軟新鮮上桌

香炸根莖蔬菜

材料（5～6人份）

根莖類蔬菜（蓮藕、紅蘿蔔、地瓜、馬鈴薯）…適量

低筋麵粉…50g

鹽…一小撮

啤酒…40～50ml

炸油…適量

喜歡的沾鹽…適量

作法

1 地瓜和馬鈴薯洗淨後包上保鮮膜，放入微波爐加熱煮熟。蓮藕、紅蘿蔔去皮，切成1cm厚。如果太大塊就對半切開。

2 調理盆中倒進低筋麵粉和鹽混合，加入啤酒大致拌勻。

3 炸油加熱到180℃，將**1**均勻裹滿**2**，放入油鍋中炸至上色。盛入器皿中，附上喜歡的沾鹽。

<Story>

油炸品【fritter（英）】：西式料理之一，食材裹上麵粉加蛋、白酒或水等拌勻的麵衣後入鍋油炸。日本的天婦羅是炸成酥脆口感，西方油炸品則是鬆軟輕盈。為了炸出輕盈感，會在麵衣中加入打發的蛋白，或是倒入以啤酒為首的氣泡飲料。

發酵食品組合。也可以塗在稍微烤過的肉品上

白味噌酒粕沾醬

材料（容易製作的份量）

A 酒粕…100g
 白味噌…35～40g
米果（市售品，如柿種米果等）
…適量
喜歡的燙蔬菜…適量

作法

1 A用研磨缽或食物調理機磨成泥狀。如果酒粕結塊，就加少量熱水化開※。

2 盛入器皿中，撒上碎米果。附上喜歡的燙蔬菜。

※攪拌後放進冰箱冷藏1～2天的話更入味。

<Story>

【酒粕】：製作日本酒時產生的副產品。釀製日本酒的主要原料是米和麴，製作過程中會濾出殘渣。酒粕就是這些殘渣的一部分。富含維生素和礦物質，成為近年來熱門的發酵食品。除了代表性的酒粕湯外，也可以加在麵團中做成風味獨特的點心或麵包。

飽腹
開胃小品

Chapitre 3.

Casse-croûtes

法國阿爾薩斯的名產薄烤披薩

火焰薄餅披薩

材料（2片份）

◆披薩餅皮

A 中高筋麵粉…200g
速發酵母粉…3g
砂糖…4g
鹽…2g

水…115g

橄欖油…20g

◆配料

洋蔥…1個

食用油、鹽、胡椒…各適量

肉荳蔻…一小撮

培根…3片

B 白起司…100g
鮮奶油…25ml

作法

1 使用上述的披薩餅皮材料，參考p.140的圓麵包作法**1**～**5**進行到一次發酵階段。

2 將麵團分成2塊揉圓，放在工作盤上，鬆鬆地包上保鮮膜靜置10分鐘（醒麵）。

3 準備配料。洋蔥切細，平底鍋熱油後放入洋蔥絲迅速翻炒，加鹽、胡椒和肉荳蔻調味。培根切細條。**B**混合均勻備用。

4 用擀麵棍將**2**的麵團擀成2mm厚的方形薄片。放在烤盤上，塗上**B**，撒上洋蔥、培根。

5 放入預熱到200℃的烤箱中烤約10分鐘。

<Story>

火焰薄餅披薩【tarte flambée（法）】：法國阿爾薩斯洛林區的知名料理之一。在薄如披薩的麵包皮上塗抹白起司，撒上洋蔥絲後放進高溫烤窯中以短時間烤製而成。配料也可選用火腿或橄欖。

以諸曼第名產當配料

諾曼第披薩

材料（直徑12cm的圓形6片份）

◆披薩餅皮

A 中高筋麵粉…200g
速發酵母粉…3g
砂糖…4g
鹽…2g

水…115g

橄欖油…20g

◆配料

蘋果…1個

卡門貝爾起司…1塊

核桃…適量

肉桂糖粉…適量

楓糖…適量

作法

1 使用上述的披薩餅皮材料，參考p.140的圓麵包作法**1**～**5**進行到一次發酵階段。

2 將麵團分成6塊揉圓，放在工作盤上，鬆鬆地包上保鮮膜靜置15分鐘（醒麵）。

3 用擀麵棍擀成直徑14cm的圓形薄片，用叉子戳洞。放在烤盤上，送進預熱到220℃的烤箱烤3～5分鐘。

4 蘋果連皮對半切開，挖除果核去籽後切成2mm寬的薄片。卡門貝爾起司切成5～8mm寬。核桃切成適當大小。

5 把蘋果、肉桂糖粉、卡門貝爾起司、核桃依序放在**3**上，送進200℃的烤箱中烤到起司融化。取出，淋上楓糖。

<Story>

諾曼第【Normandie（法）】：法國西北部的地名，是擁有遼闊牧草區、果園和穀物田的田園地區。境內的奶油及起司加工業、蘋果栽培業發展蓬勃，聞名遐邇，所以當地的料理或點心便以此命名。這裡用麵包體取代來自義大利的披薩，以諾曼第名產作為配料。

添加葡萄乾和杏仁的基本款口味

阿爾薩斯咕咕霍夫

材料（直徑15cm的咕咕霍夫模1個）

◆咕咕霍夫麵團

A 中高筋麵粉…150g
速發酵母粉…5g
砂糖…30g
鹽…3g
雞蛋…45g

牛奶…45g

奶油（常溫）…40g

◆配料

葡萄乾…30g

杏仁…適量

塗抹烤模的奶油、食用油
…各適量

事先準備

・烤模塗上一層薄奶油，底部擺好杏仁配料，放進冰箱冷藏備用。

作法

1. 使用左述咕咕霍夫麵團材料，參考p.140圓麵包的作法**1～3**搓揉。
2. 加入葡萄乾後揉圓，放入塗上一層薄食用油的調理盆中，包上保鮮膜，放在有發酵功能的烤箱等30℃的地方靜置50分鐘做一次發酵。
3. 從調理盆中取出，重新揉圓放在工作盤上，鬆鬆地包上保鮮膜靜置15分鐘（醒麵）。
4. 再次揉圓麵團，中間用手指挖出500日圓硬幣大小的孔洞，放進烤模中。放在35℃的地方靜置20～25分鐘做二次發酵。
5. 放進預熱到180℃的烤箱中烤約35分鐘。

※**1～2**的步驟也可用麵包機的「麵團製作程序」來製作。放進咕咕霍夫麵團的材料，當投入配料的指示音響起後，加入葡萄乾，直到完成一次發酵。

<Story>

咕咕霍夫【kouglof（法）、kugelhopf（德）】：奧地利和波蘭的傳統點心，之後經由洛林、阿爾薩斯區傳到法國。據說來自奧地利哈布斯堡家族（Habsburg），嫁給路易十六的瑪麗安東妮王后（Marie Antoinette）相當喜歡這道點心，因此在法國掀起流行旋風。

添加培根和洋蔥做成鹹食變化款

咕咕霍夫鹹點

材料（迷你咕咕霍夫模6個份）

◆咕咕霍夫麵團

A 中高筋麵粉…150g
速發酵母粉…5g
砂糖…17g
鹽…3g
雞蛋…60g

牛奶…60g
蘭姆酒…1小匙
奶油（常溫）…25g

◆配料

培根…45g
洋蔥…45g
核桃…30g

塗抹烤模的奶油、食用油…各適量

事先準備

・烤模塗上一層薄奶油，放進冰箱冷藏備用。
・培根和洋蔥切末，翻炒後放涼備用。
・核桃切細備用。

作法

1. 使用上述咕咕霍夫麵團材料，參考p.140圓麵包的作法**1**～**3**搓揉。
2. **1**加入培根、洋蔥和核桃揉成圓形，放入塗上一層薄食用油的調理盆中，包上保鮮膜，放在有發酵功能的烤箱等30℃的地方靜置50分鐘做一次發酵。
3. 從調理盆中取出，分成6等份揉圓。放在工作盤上，鬆鬆地包上保鮮膜靜置15分鐘（醒麵）。
4. 再次揉圓麵團，中間用手指挖出直徑約2cm的孔洞，放進烤模中。放在35℃的地方靜置20～25分鐘做二次發酵。
5. 放進預熱到180℃的烤箱中烤約20分鐘。

※**1**～**2**的步驟也可用麵包機的「麵團製作程序」來製作。放進咕咕霍夫麵團的材料，當投入配料的指示音響起後，加入配料，直到完成一次發酵。

必學的基本款鹹派

法式鹹派

<Story>

法式鹹派【quiche Lorraine（法）】：起源於法國的洛林區。將派皮麵團鋪在塔模或布丁模上，填滿餡料烘烤而成。另外也有人說鹹派的發祥地在德國，名稱源自德文的kuchen。

材料（直徑18cm的塔模1個份）

◆派皮麵團

A 低筋麵粉…60g
　高筋麵粉…60g
　冰奶油（切成1cm丁狀）…120g
鹽…2g
水…60ml

◆餡料

培根（切細）…40g
洋蔥（切絲）…1/2個
菠菜（汆燙後切成5cm長）…1/2把
奶油、鹽、胡椒…各少許

◆阿帕雷醬

B 雞蛋…2個
　牛奶…100ml
　鮮奶油…40ml
　鹽、胡椒…各少許

蛋黃…適量

作法

1 製作派皮麵團。把**A**倒入調理盆中，用刮板將奶油切成紅豆大小（也可以用食物調理機將奶油攪打成鬆散狀）。

2 鹽加水調勻後，少量多次地倒入調理盆中，用刮板混拌到沒有粉末顆粒。整形成團後包上保鮮膜，放進冰箱冷藏30分鐘。

3 準備餡料和阿帕雷醬。平底鍋中放入奶油加熱，倒入培根、洋蔥和菠菜翻炒，加鹽、胡椒調味。**B**攪拌均勻備用。

4 用擀麵棍將派皮麵團擀成略大於烤模的尺寸，鋪在烤模上。切除多餘麵皮。用叉子戳洞。

5 放上重石，送進預熱到200℃的烤箱中烤15分鐘，取出重石再烤5分鐘。

6 從烤箱取出，立刻在派皮內側塗上蛋黃液，放進烤箱約2分鐘烤乾。撒上餡料並倒入阿帕雷醬，烤箱轉到180℃烤15分鐘。

讓餐前酒派對更盡興

酒款百科

Drink for apéritif

「apéritif」原本是指於餐前飲用以刺激食慾的開胃酒。大多準備的是香檳、葡萄酒、香甜酒、白蘭地或造型亮麗的雞尾酒等，但也沒有特別規定，只要能潤喉、刺激胃口、引起食慾、提高用餐氣氛，任何酒款皆宜。當然，無酒精飲料也是妝點派對的美麗餐前酒之一。以下介紹適合和食物一同享用的餐前酒派對代表性酒款。

【釀造酒】
Brewage

用水果或穀物發酵釀成的酒精飲料，也可說是酒類的起源。
特色是含有數十種酒精成分，香味層次豐富。

葡萄酒
Wine

葡萄汁加酵母發酵釀成的酒。Wine也可以指用草莓、梨子或蘋果等製造的水果酒，但還是以葡萄占大多數。

產地

葡萄酒的主要產地在法國，但近年來義大利葡萄酒也頗受矚目。白葡萄酒除了德國以外，美國、南美洲、澳洲生產的也大受好評。在日本，以山梨縣勝沼地區用甲州葡萄釀製的最有名。

種類

最淺顯易懂的方式是用顏色分類。大致可分為「紅色」、「白色」、「玫瑰紅色」。紅葡萄酒由深色葡萄，白葡萄酒則由淺色葡萄釀製而成。玫瑰紅葡萄酒則是用①深淺兩色的葡萄混合、②在深色葡萄的發酵過程中取出有色果皮、③將紅葡萄酒的果皮浸泡在白葡萄酒中等方法製成。

代表性葡萄品種

雖然無法一概而論，但事先記住葡萄品種的特徵，是認識葡萄酒口味的基礎。

【紅葡萄酒】

■ **黑皮諾**（Pinot Noir）

帶有草莓或覆盆子的果香。酸味明顯而單寧含量低。皮薄，釀製出的紅酒色淺。

■ **卡本內蘇維濃**（Cabernet Saivignon）

該品種被譽為深色葡萄之王。帶有黑醋栗或胡椒香氣。單寧含量高而酒體豐厚。

■ **梅洛**（Merlot）

果香濃郁。酸度低，單寧柔和。口感圓潤。

【白葡萄酒】

■ **夏多內**（Chardonnay）

風味依種植區氣候而異。一般而言，涼爽地區栽培出的品種酸味明顯，溫暖地區的則是果香馥郁。

■ **白蘇維濃**（Sauvignon Blanc）

帶有柑橘果香和青草氣息。

■ **麗絲玲**（Riesling）

酸味明顯、果香柔和。

法國葡萄酒小常識

～波爾多和勃艮地～

【君臨世界的雙霸王】

雖然葡萄酒的產地遍及全世界，但以法國葡萄酒的品質最卓越。在法國有1.波爾多、2. 勃艮地、3.羅亞爾河地區、4.羅納河谷、5.香檳區這五大產地，還有其他各具特色的區域如阿爾薩斯或普羅旺斯丘等。當中，波爾多被譽為法國葡萄酒之王，勃艮地是葡萄酒之后，同列知名產區。波爾多擁有多款適合長期熟成的高級紅葡萄酒。特色是混合數種葡萄品種釀製而成，紅酒選用卡本內蘇維濃、卡本內弗朗（Cabernet Franc）或梅洛釀製，白酒則是白蘇維濃或榭密雍（Sémillon）等。另外，在勃艮地產區，各處葡萄田擁有不同特色，不會品嘗到重複的風味，因此頗受葡萄酒愛好者青睞。僅用單一品種的葡萄釀製而成，紅酒選用黑皮諾，白酒則是夏多內。

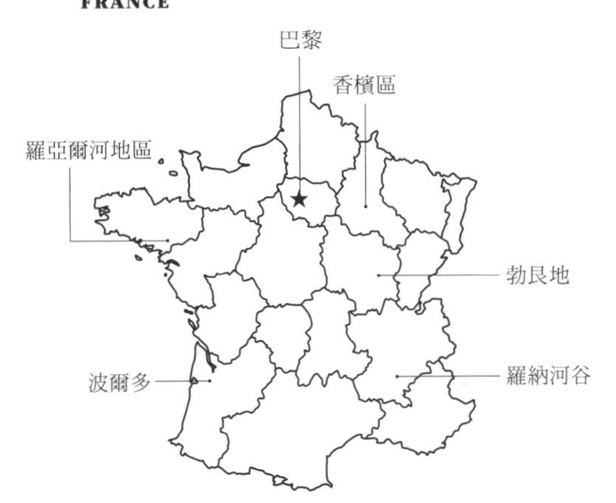

酒瓶外觀

波爾多和勃艮地的葡萄酒，在外觀（酒瓶）形狀上也有所差異。波爾多瓶的瓶肩角度明顯且寬，勃艮地瓶則是線條柔和的斜肩形。

挑選酒杯

舉例來說，波爾多紅酒因為單寧含量高，一旦喝得太大口就會感受到強烈的苦澀味。所以，最好選杯口收縮能小口啜飲的細長形酒杯。相對於此，若想品嘗勃艮地紅酒的細緻芳香，選擇杯身寬的氣球形酒杯更能感受到香醇風味。

夏布利（Chablis）搭配生蠔

夏布利是勃艮地夏布利產區最具代表性的白葡萄酒，適合搭配生蠔。雖然理由眾說紛紜，但其中之一是因為該區土地含有大量石灰質，能完整保存葡萄酒的酸度，所以殺菌效果顯著。或許是因為吃生蠔會有食物中毒的危險性，從而衍生出將兩者搭配食用的想法。另外，夏布利雖然位於勃艮地，卻處於該區最北端，靠近美食之都巴黎，因此結合兩樣美食享用可說是再自然不過的事了。

薄酒萊新酒（Beaujolais Nouveau）

以每年的新酒享譽盛名的薄酒萊新釀酒（薄酒萊新酒）也屬於勃艮地紅酒之一。於每年11月的第三個週四開桶暢飲，因為國際換日線的緣故，位於遠東的日本能早於全世界率先品嘗。

香檳
Champagne

法文唸做「ʃāpaɲ」，英文唸做「ʃæm'peɪn」的葡萄氣泡酒代名詞。只有產自巴黎東北方香檳區的氣泡酒才可稱作香檳。酒杯內舞動的無數氣泡相當華麗。沒有比它更適合派對歡樂氣氛的酒款。可說是迎接貴客的必需品。

製法、分類

在經過一次發酵的白葡萄酒中加入糖分和酵母後裝瓶，讓酒在瓶中進行人工二次發酵產生二氧化碳。經過約1年熟成後，將瓶身上下顛倒讓殘渣堆積在瓶口，冷凍此部分再開封，加入特殊的香甜酒。依香甜酒所含糖分多寡可分為：完全不甜（Extra Brut）、不甜（Brut）、甜（Sec）、濃甜（Doux）。

開瓶法

聲音響亮的開瓶法固然可以炒熱現場氣氛，但胡亂彈飛的瓶塞卻很危險。

〔正確的開瓶法〕

1. 先用餐巾蓋住軟木塞，鬆開固定用的鐵絲圈。
2. 慢慢地轉動瓶身，注意不是轉軟木塞。
3. 等瓶內的氣壓自然地推擠出軟木塞，用餐巾接住軟木塞。
4. 伴隨「啵」的輕響聲慢慢地拔出軟木塞。

氣泡酒
Sparkling Wine

葡萄氣泡酒通稱氣泡酒。世界各地的唸法如下。有的製法和香檳一樣，有的則相異。

【名稱】

法國：Vin Mousseux（香檳以外）
義大利：Spumante
西班牙：Espumoso
（當中以加泰隆尼亞生產的卡瓦酒（Kava）最有名）
德國：Sekt

啤酒
Beer

麥芽發酵製成的酒精飲料。據說起源自人類最早的古文明美索布達米亞地區，像現在加入啤酒花釀製的工法約始於12世紀左右的德國。啤酒釀造工業目前以德國為首，遍布世界各地如比利時、英國、美國和亞洲各國等。

上層發酵和下層發酵

啤酒有許多種類，因為釀造法不同，可分為「上層發酵」和「下層發酵」。

【上層發酵】

自古流傳下來的製法，亦稱為愛爾（Ale）啤酒。比利時啤酒或英國製法多屬該類型，在15～20℃的溫度下短時間發酵釀製。特色是香甜及擁有特殊風味，如水果味或葡萄酒般的厚實酒體等，味道豐富多變。

【下層發酵】

又稱作拉格（Lager）啤酒，在5～10℃的低溫下長時間發酵製成，口感清澈爽朗。起源於15世紀的德國慕尼黑，於19世紀傳遍全世界。日本的啤酒多屬下層發酵製法。

日本的啤酒概況

日本啤酒主要是大廠釀製的爽口拉格啤酒，不過1994年以地方啤酒的解禁為契機，拓展了種類範圍，以精釀啤酒為主的優質手工啤酒廠倍增。還有啤酒大廠出資的小型釀酒廠，頗受矚目。

代表性種類（類型）

【上層發酵】（愛爾型）

■ **愛爾淡啤酒**

香氣華麗、濃度適宜。知名酒款是英國的貝斯淡啤酒（Bass Pale Ale）。

■ **IPA**

印度淡色愛爾啤酒。充滿濃郁酒花香氣的苦味啤酒。

■ **司陶特啤酒（Stout）**

用烘焙過的大麥製成的啤酒。特色是黑色外觀和馥郁香氣。以健力士（Guinness）最有名。

■ **小麥啤酒（Weizen）**

用小麥麥芽釀製，苦味淡又帶有果香甜味的白啤酒。

【下層發酵】（拉格型）

■ **皮爾森啤酒（Pilsner）**

1842年產自捷克的爽口啤酒。以日本為首廣受全球歡迎。

■ **黑啤酒（Schwarzbier）**

德國黑啤酒。帶有巧克力或咖啡般的風味。

■ **深色啤酒（Dunkel Beer）**

使用烘焙過的大麥製成。苦味淡。

清酒
Japanese sake

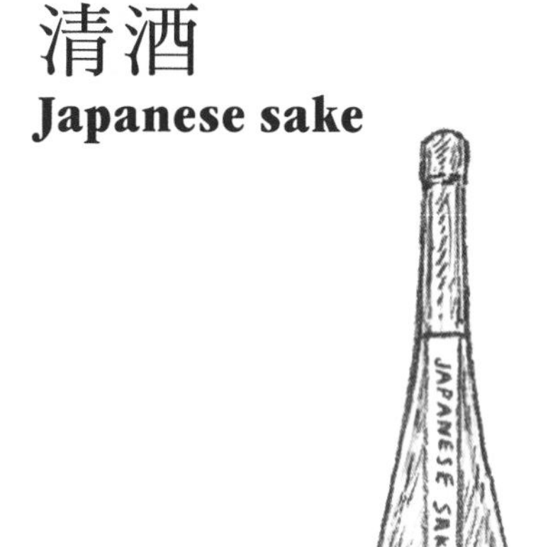

日本特有的以米製成的釀造酒。雖然製作工法繁複，但材料只有米和麴非常單純。米的澱粉質轉化成糖分的糖化過程和酒精發酵，會同時在釀製過程中進行。

種類

清酒依產地、米的種類、熟成時間等條件而風味各異。一般而言，東日本釀製的酒清爽順口，西日本的則芳醇甜美，不過依作法來辨識比較清楚。

- **純米酒**　只用米、麴、水釀製。
- **本釀造酒**　上述材料加入釀造酒精製作。

風味

〔**純米酒**〕…該類型保有白米特色，濃縮米味精華。多為風味馥郁沉穩的酒款。

〔**吟釀酒**〕…磨除4成以上白米雜質釀成的高級酒。味道優雅且餘韻清爽。

〔**大吟釀酒**〕…奢侈地磨除一半以上的白米雜質精釀製成。擁有味道純淨的「水果香」。

釀造法

首先，將麴菌撒在磨除雜質蒸熟的白米上製麴，將米麴和蒸熟的米、水、酵母菌等一起放入酒槽中培養大量酵母，製作酒母（又稱酛）。再將酒母和蒸熟的米、麴、水一起裝入酒槽中釀造。接著產生「酒醪」，進行發酵和糖化作用後釀製成酒。經壓縮去除渣滓後的酒稱作「生酒」或「新酒」，保有酒粕的則是濁酒。雖然這樣就能喝，但通常會加熱，放入酒桶熟成後再取出。如此看來，清酒的製作過程比其他酒類繁瑣，可謂藝術品等級。

品飲法

無論是冰鎮、加熱或常溫飲用，都別有風味。近年來流行的氣泡清酒先冰過再喝，口感宛如香檳般暢快，相當適合當餐前酒。

【蒸餾酒】
Distilled liquor

釀造酒經加熱蒸餾，除去雜質後製成的酒精飲料。藉由加熱到一定的溫度，可以挑選、萃取出所需香氣。酒精成分幾乎只有一種，而且純度高。

威士忌
Whiskey, Whisky

以穀物為原料的蒸餾酒，置於酒桶中熟成的酒款。發祥地在蘇格蘭或愛爾蘭，兩種說法都有。最早是用大麥麥芽製造，之後原料種類變多，目前除了大麥外，在世界各地也用小麥、裸麥、燕麥或玉米等製造。

代表性種類

■ **蘇格蘭威士忌（產地蘇格蘭）**
以名為Peat的泥炭烘乾產生煙燻味的大麥麥芽為原料製成的威士忌。

■ **愛爾蘭威士忌（產地愛爾蘭）**
不用泥炭烘乾大麥，完全沒有泥炭味的威士忌。

■ **波本威士忌（產地美國）**
原料是玉米。於西部拓荒時代製造，目前不只是全美國，支持者遍及世界各地。

■ **加拿大威士忌（產地加拿大）**
主要是將裸麥製成的風味威士忌和玉米製成的原酒威士忌加以調和，封桶熟成3年以上的酒款。味道清淡順口。

日本國產威士忌

最近日本國產威士忌的評價水漲船高。因為海外的受歡迎程度、成為電視連續劇的取材主題而備受矚目，甚至有難以取得的品項。製法大致和蘇格蘭威士忌相同，適合日式料理的細緻風味為其魅力。

拼法不同

在愛爾蘭當地寫成whiskey，在蘇格蘭或加拿大則是拿掉e成為whisky。日本屬於後者。美國當地是國產品加入e，舶來品則拿掉e作為標示。

品飲法

除了直接喝、加冰塊、兌水（twice up，加入和威士忌等量的水）外，還有適合佐餐的高球調酒（high ball，加氣泡水）。

白蘭地
Brandy

以水果酒蒸餾製成的酒款。通常以葡萄為原料的稱為白蘭地，以其他水果製成的則在白蘭地前冠上水果名稱以示區別。

製法

將白葡萄酒的蒸餾液裝入橡木桶中貯存5～10年，陳年酒會熟成50年以上。取出該原酒和其他原酒混合調配，完成風味香氣別具特色的各款白蘭地。

分級

熟成年份長的為高級品。通常依年份由短到長標示為三星、VO、VSO、VSOP、XO，最久的冠以EXTRA或NAPOLEON之名。年份的制定依各品牌而異。

干邑白蘭地（Cognac）和雅馬邑白蘭地（Armagnac）

產自法國的世界兩大白蘭地品牌。干邑是在干邑產區製造，雅馬邑則在雅馬邑產區。等級標示嚴格，有別於其他白蘭地。

品飲法

除了純飲外，也可以做成調酒。

蘋果白蘭地
Calvados

以蘋果為原料，產自法國諾曼第區的名酒。和干邑白蘭地、雅馬邑白蘭地並列為法國的高級白蘭地。依熟成度的深淺做嚴格分級。

製法

諾曼第區的氣溫低，不像法國其他區域適合種植葡萄，便以蘋果代之。該區另一項名產是以蘋果汁發酵製成的釀造酒Cider蘋果酒，將此酒加以蒸餾裝入酒桶中貯存熟成，即為蘋果白蘭地。除了蘋果外，也允許加入少量西洋梨製酒。

品飲法

基本上是純飲。因為酒精濃度約為40度上下或更高，建議於餐後飲用會比空腹飲酒更好。搭配蘋果製成的甜點相當對味。

櫻桃白蘭地
Kirschwasser

德國黑森林地區的名產。在德文中kirsch是櫻桃，wasser是水。意即以櫻桃製成的白蘭地。簡稱Kirsch。

製法

使櫻桃發酵，連同果核碾碎後蒸餾製成。果核中的果仁會散發出特殊香氣，也是櫻桃白蘭地的香醇之處。透過貯藏進行熟成，提升品質。熟成6年之久即為高級品。酒精濃度約在40度左右，濃縮酒款則是60度左右。

品飲法

雖然可以兌水喝，但建議純飲。在德國當地，也有飲用櫻桃白蘭地後馬上喝下啤酒當輔飲（Chaser）的品酒法。同時也是製作點心時常用的材料。

燒酒
Shochu

以米、麥、地瓜、蕎麥等澱粉類食材或黑糖等糖類，做酒精發酵蒸餾而成的酒。在蒸餾過程中會去除雜質，因此就算多喝兩杯也不容易頭痛。

甲類和乙類

依日本目前的酒稅法規定，利用連續式蒸餾製成酒精濃度未滿36%的稱為「燒酒甲類」，以單式蒸餾製成酒精濃度45%以下的為「燒酒乙類」。甲類幾近無味，是眾所皆知的「蒸餾白酒（white liquor）」。乙類又稱「本格燒酒」，有不少像薯蕷類燒酒、蕎麥燒酒、沖繩泡盛等保有原料特色的酒款。也有調和甲類和乙類的混合燒酒。

品飲法

除了加冰塊或熱水外，若是本格燒酒也可以「兌水喝」。燒酒加水靜置3天～1週，更增溫潤風味。

【烈酒】

Spirits

將釀造酒加以蒸餾製成的酒款。雖然同屬蒸餾酒，但抽取物含量未滿2度的通稱為烈酒。除了直接喝外，也可作為調酒或多種香甜酒的基酒。

琴酒
Gin

在以玉米、大麥或裸麥等穀物為原料製成的蒸餾酒中加入杜松子（杜松子樹的果實）增添香氣的酒。主流酒款是不甜的乾琴酒（Dry Gin）。

歷史

源自1660年，由荷蘭醫生製造作為藥物使用，主治利尿、解熱。在市區藥局中販售，因為香氣味道宜人，廣受市民好評。之後傳到英國改名為琴酒。直到今日荷蘭仍是琴酒的主要產地。

品飲法

冰鎮後直接喝，或做成調酒。

伏特加
Vodka

俄國的代表性蒸餾酒。自古以來農民用裸麥或蜂蜜等當原料製酒，如今也用大麥、小麥、馬鈴薯或玉米等製造。酒精濃度約為50%左右，可謂相當強烈，日文中冠以「火酒」之名。

語源

據說語源來自俄語的「生命之水」。意指水的voda逐漸演變成現代說的Vodka。

品飲法

兌水喝或做成調酒。也用於製作甜點或水果酒。

蘭姆酒
Rum

以甘蔗或糖蜜為原料製成的蒸餾酒。印度原產的甘蔗傳到世界各國，於最著名的蘭姆酒主產地加勒比海諸島等地開始生產。

種類

依風味分成三類，從味道最重的依序分為濃蘭姆（Heavy Rum）、中性蘭姆（Medium Rum）和淡蘭姆（Light Rum）。依顏色由深到淺可分為黑蘭姆（Dark Rum）、金蘭姆（Gold Rum）和白蘭姆（Silver Rum）。以此為標準也可將香氣分成濃厚、中調與清淡。

品飲法

白蘭姆冰鎮後喝，黑蘭姆常溫飲用就很香醇美味。

龍舌蘭
Tequila

和琴酒、伏特加、蘭姆酒並列四大烈酒之一。原料是外形有如巨大鳳梨般的植物——龍舌蘭。澱粉質經加熱轉化成糖類，進行發酵、蒸餾後的龍舌蘭原液裝入橡木桶中貯存2～3週熟成即可。

品飲法

純飲或當成調酒用的基酒。墨西哥當地常見的喝法是，先用大拇指和食指拿著切成1/8片的萊姆或檸檬，以舌尖沾濕虎口處再放鹽。接著咬一口萊姆片或檸檬片，舔過鹽後一口喝下龍舌蘭。

【香甜酒】
Liqueur

將各種食材浸泡於烈酒中，提煉出香氣及風味的再製酒。香甜酒種類多樣，如散發水果、種子及甜味氣息的奶油酒等。當中以水果香甜酒種類最豐富，可說是任何水果都能入酒。

水果香甜酒

柑曼怡橙酒
和君度橙酒
Grand Marnier & Cointreau

兩種都是柑橘香甜酒的代表性酒款。柑曼怡橙酒是法國Marnier-Lapostolle公司製作的柑橘香甜酒的品名。另外，君度橙酒是君度酒廠製造的透明橙皮酒。都是在飲食文化上貢獻良多的酒款，從烘焙及烹飪界間直呼其名可見其廣泛程度。柑曼怡橙酒將橙皮浸泡在歷經數年熟成的陳釀干邑中萃取香氣並蒸餾，再封入橡木桶中貯存熟成。君度橙酒也是以干邑為基酒浸漬橙皮、花及葉片等製成。

品飲法

做成調酒或用於製作點心。

種子香甜酒

葛縷子香甜酒
和大茴香香甜酒
Kummel & Anisette

Kummel是葛縷子（Caraway）的德文，日文名為姬茴香。以葛縷子為名的香甜酒是以烈酒為基酒，加入葛縷子（凱利茴香的種子）和香料等混合浸漬而成。特色是入口時特有的清爽暢快味。大茴香和葛縷子一樣，都是種子香甜酒的代表性酒款之一。以烈酒為基酒，加入大茴香種子（茴芹（anise）種子）提煉出特殊香氣製成。

品飲法

兩種都是加冰塊飲用的餐前酒。也可用於烘焙點心或製作甜點。

莎蘿娜杏仁香甜酒
Amaretto di Saronno

使用杏桃核中的果仁萃取出近似杏仁香氣製成的香甜酒，在世界各地都有杏仁名酒，此款為其中之一。據說是杏仁香甜酒的始祖，位於義大利米蘭附近名為莎蘿娜市（Saronno）的名酒。

品飲法

除了純飲外，也適合搭配以杏仁製成的甜點。只要添加少許就能有畫龍點睛之效。

香料香甜酒

班尼狄克丁香甜酒和夏翠思香甜酒
Benedictine & Chartreuse

香料香甜酒通常是混合數種材料製成。因此擁有複雜多變的香氣，風味深奧具神秘感。代表性酒款有班尼狄克丁香甜酒和夏翠思香甜酒。班尼狄克丁香甜酒是1510年時於聖本篤（Saint Benedict）修道院製成。在白蘭地基酒中加入27種香草調和浸漬，其深奧的香氣擄獲當時為戰爭及貧困所苦的人心，至今仍是該教派的主要進帳來源。另外，夏翠思香甜酒是1762年在名為夏翠思的卡爾特教團修道院，利用130種香料和藥草類釀製而成。

品飲法

除了做成調酒外，也可淋在香草冰淇淋上。

金巴利香甜酒
Campari

利用葛縷子、芫荽和苦橙等60種香料製成的香甜酒，特色是色澤鮮紅帶苦味。該酒原名為苦味阿魯索·德朗迪亞酒（荷蘭式苦酒），1860年在義大利杜林，由調酒師加斯帕爾·金巴利（Gaspare Campari）調製販售。之後，其子達比德·金巴利（Davide Campari）冠上自家姓氏金巴利傳承至今。

品飲法

除了純飲外，也可當成調酒的基酒。

奶油香甜酒

黑醋栗香甜酒
Créme de cassis

香甜酒中有歸類於「créme（奶油的法文）」的酒款。法國香甜酒按等級高低可分成四類，依序是srufine、fine、demifine、ordinaire，當中第二名的酒款因口感滑順所以又稱作奶油酒。該名稱最終偏離原意，所有香甜濃郁的厚實香甜酒都稱作奶油酒。以黑醋栗製成的黑醋栗香甜酒就是其中之一。

品飲法

奶油香甜酒還有薄荷香氣的薄荷香甜酒、巧克力味的可可香甜酒。每款都可用於調酒。

【雞尾酒】
Cocktail

酒中加入其他酒款或果汁等調製成的酒精飲料。包括酒精濃度未滿1%的無酒精調酒。除了世界知名的調酒外，還有各方人士創作出的無數酒譜，能自由發揮正是調酒的有趣之處。

香檳基酒

皇家基爾酒
Kir Royal

將基爾酒（右述）中的白葡萄酒換成香檳調製而成。屬於奢華款調酒，故以皇家（王室風範）命名。

含羞草
Mimosa

香檳加柳橙汁輕輕攪拌而成的調酒。原本是法國上流社會間喝的橙汁香檳（Champagne a L'orange）。因色澤近似含羞草的花朵故以此為名。酒譜見p.37。請用香氣十足的現榨橙汁調製。

貝里尼
Bellini

白桃果汁加紅石榴糖漿和香檳（原為氣泡酒）輕輕攪拌而成的調酒。酒名據說取自活躍於文藝復興時期的威尼斯畫家貝里尼。

紅酒基酒

美國檸檬汁
American Lemonade

檸檬汁加紅酒調成的雙層美麗調酒。酒精濃度低而順口好喝。酒譜見p.36。

白酒基酒

基爾酒
Kir

白酒加黑醋栗香甜酒輕輕攪拌而成的調酒。源自1945年法國勃艮地第戎市（Dijon）市長基爾所調製。使用勃艮地生產的不甜白酒製作即可。酒譜見p.36。

刺激
Spritzer

在加了冰塊的白酒中注入氣泡水輕輕攪拌而成的調酒。酒精濃度低，風味爽朗。

琴酒基酒

馬丁尼
Martini

琴酒加不甜的苦艾酒攪拌後，放入橄欖即可。被譽為調酒傑作。

琴通寧
Gin & Tonic

據說源自英國殖民地。琴酒請選用英國生產的乾琴酒。酒譜見p.37。

伏特加基酒

螺絲起子
Screw Driver

伏特加注入柳橙汁攪拌而成的調酒。酒名「螺絲起子」是源於油田工人用螺絲起子攪拌後飲用。

莫斯科騾子
Moscow Mule

伏特加注入萊姆汁和薑汁汽水攪拌而成的調酒。酒名「莫斯科騾子」意指使用的伏特加後勁強烈，宛如被騾子踢到般厲害。酒譜見p.36。

啤酒基酒

香蒂格夫
Shandy Gaff

啤酒加薑汁汽水調成的飲料。據說來自英國的酒吧。選用風味強烈的啤酒加不甜的薑汁汽水調配就很好喝。酒譜見p.37。

香甜酒基酒

以香甜酒當基酒的調酒，大部分會加氣泡水再注入檸檬汁，適合當作餐前酒派對上的飲品。以下是常用的代表性香甜酒。

◎柑橘類

- **柑曼怡橙酒**
- **君度橙酒**
- **拿破崙香橙酒**（Mandarine Napoleon）
- **索米爾**（Saumur）

◎種子類

- **莎蘿娜杏仁香甜酒**

◎香料類

- **金巴利香甜酒**

軟性飲料

不含或是含有少量酒精成分的飲料總稱。如果汁、碳酸飲料等。

餐前酒派對的必備酒食

起司百科

Cheese for apéritif

對餐前酒派對而言，起司是不可欠缺的食材。可以直接當下酒菜，或是做成麵包、糕點或餐點，沒有比它更好用的食材。據說起司的發明者是比古希臘時代更久遠的遊牧民族，至今約有超過1,000種的品項，種類相當豐富。天然起司大致可分成七類，各具特色。加工起司原則上自成一類。另外，起司世界中有A.O.C.的標示。這是法國規定的原產地命名制度，為了讓優異的傳統製法、技術和卓越品質受到法律的保護及規範，也是高品質起司的保證書。A.O.C.目前被編入EU規定的A.O.P制度。

【新鮮起司】

Fresh Cheese

未經熟成的新鮮起司。將凝固的牛奶去除水分製成。著名商品有法國的白起司、義大利的馬斯卡彭起司等。味道是不具特殊氣味的純淨風味，因此和其他味道各異的食材都很對味。吃法上除了直接品嘗外，因其質地柔軟、使用方便，所以也能入菜。撒上香辛料或香草植物，或淋入蜂蜜、果醬等甜味配料當成甜點食用也很美味。

茅屋起司

cottage cheese

用脫脂牛奶製成的高蛋白低脂食品。可做成沙拉或甜點。在美國相當普遍。也有日本國產品。

■ 乳源：牛　■ 乳脂肪：21%
■ 熟成：—

奶油起司

cream cheese

世界各國包括日本皆有製造。除了做成甜點外，也可以和明太子、果醬或果乾等混合調製成抹醬。

■ 乳源：牛　■ 乳脂肪：60～70%
■ 熟成：—

菲達起司

Feta

原產地在希臘。據說是雅典城外的牧羊人最先製作。因為浸泡在鹽水中所以味道偏鹹。用於以沙拉為首的料理上。

■ 乳源：綿羊、山羊　■ 乳脂肪：40%
■ 熟成：4、5天～1個月

布萊烈沙瓦林起司

Brillat Savarin

產地位於法國諾曼第及勃艮地地區。名稱來自以美食家著稱的法國政治家布萊烈沙瓦林。是加了鮮奶油製作的三倍乳脂起司。濃郁的牛奶風味中微帶酸味。

■ 乳源：牛　■ 乳脂肪：75%
■ 熟成：affine（熟成）型為1個月

布爾索爾起司
Boursault

產地位於法國法蘭西島區及諾曼第區。是代表此種類型的法國高級起司。口感宛如優質奶油，適合搭配不甜的白酒。

■ 乳源：牛　■ 乳脂肪：75%
■ 熟成：3～4週以內

白起司
fromage blanc

以牛奶生乳製成的法國新鮮起司。具有柔和的酸味和滑順口感，大部分用來做成抹醬或甜點。乳脂肪含量範圍廣泛，依起司種類從0～40%的都有，在法國乳脂肪低的起司也可用於嬰兒副食品。

■ 乳源：牛　■ 乳脂肪：0～40%
■ 熟成：—

馬斯卡彭起司
Mascarpone

產地位於義大利倫巴底區。除了提拉米蘇外，也廣泛應用於料理上。搭配氣泡酒相當對味。

■ 乳源：牛　■ 乳脂肪：80%
■ 熟成：—

莫札瑞拉起司
Mozzarella

原產地在義大利中南部。將熱騰騰的起司撕拉成球狀定形。名稱中的莫札瑞拉意思就是義大利文的「撕、拉」。原本是用水牛牛奶製作的南義大利特產，現今在各地都有牛奶製成的商品。

■ 乳源：牛　■ 乳脂肪：40～52%
■ 熟成：2週以內

瑞可達起司
Ricotta

在製作義大利起司時流出的乳清中，再加入牛奶或奶油加熱凝固製成。名稱取自製法「二次加熱」之意。奶香風味中略帶甜味。除了做成以沙拉為首的各式料理外，搭配蜂蜜、果醬或水果也很美味。還有將瑞可達起司鹽漬熟成的「鹽漬瑞可達起司（ricotta salata）」。

■ 乳源：牛、綿羊　■ 乳脂肪：15～40%
■ 熟成：—

【白黴起司】

White Mould Cheese

表面覆滿白黴的起司。是此種黴菌的繁殖促成起司熟成。熟成時間在起司當中算短，白黴起司的代表產品卡門貝爾起司大約熟成3～4週即可食用。白黴起司源自法國。知名的布利起司於中世紀登場，卡門貝爾起司的製法在18世紀末諾曼第區的卡門貝爾村奠定下來。卡門貝爾起司因質地細緻而難以運送到遠方，不過在1890年發明了楊木製成的容器，運輸不再是難題便一口氣推廣開來。另外，布利起司和卡門貝爾起司只有大小和原產地不同，其他幾乎沒變，至今在法國以外的地區也能生產。周圍覆蓋的白黴是內部美味的關鍵。雖然可以連白黴一起吃，但起司熟成後白黴的功用已達成，所以就不好吃了。

艾克斯普羅瑞徹起司

Explorateur

產地位於法國法蘭西島區。是用乳脂肪含量75%以上的三倍乳脂製成的代表性起司。如奶油般濃郁香醇。外形呈圓柱狀，一個重約280～300g。

■ 乳源：牛　■ 乳脂肪：75%
■ 熟成：2～3週

小天使卡普利斯起司

Caprice des Dieux

產地位於法國。在牛奶中加鮮奶油以雙倍乳脂製成，因此脂肪含量高。味道沉穩，類似大公爵起司。

■ 乳源：牛　■ 乳脂肪：60%
■ 熟成：2週

加普隆起司

Gaperon

原產地在法國。外形呈半圓狀，別名又稱「婆婆的乳房」。目前仍保有昔日吊掛熟成和用繩子綑綁的方式。脂肪含量少，可加大蒜或胡椒做成香辣配菜。和啤酒相當對味。

■ 乳源：牛　■ 乳脂肪：30～45%
■ 熟成：1～2個月

卡門貝爾起司

Camembert

原產地位於法國諾曼第區。目前世界各地皆有製作。多半是使用殺菌牛奶的工廠製品。

■ 乳源：牛　■ 乳脂肪：45～52%
■ 熟成：約1個月

諾曼第卡門貝爾起司
Camembert de Normandie

法國諾曼第區的A.O.C.起司。白黴起司的代表性商品。以無殺菌牛奶製成的卡門貝爾起司，味道很鹹且奶香濃郁。和梅多克等葡萄酒相當對味。

■ 乳源：牛　■ 乳脂肪：45%
■ 熟成：約1個月

東部方形起司
Carré de l´Est

產地位於法國香檳區及洛林區。因為是在法國東部製造的方形起司，故命名為「東部方形起司」。味道近似卡門貝爾起司。外表呈淡紅色，適合搭配不甜的果香白酒及玫瑰紅酒。

■ 乳源：牛　■ 乳脂肪：45～50%
■ 熟成：約3週

庫唐斯起司
Coutances

產地位於法國諾曼第區。是牛奶中加鮮奶油製成的雙倍乳脂起司。味道濃郁芳香。外形呈圓柱狀，一個重約200g。

■ 乳源：牛　■ 乳脂肪：60%
■ 熟成：3～4週

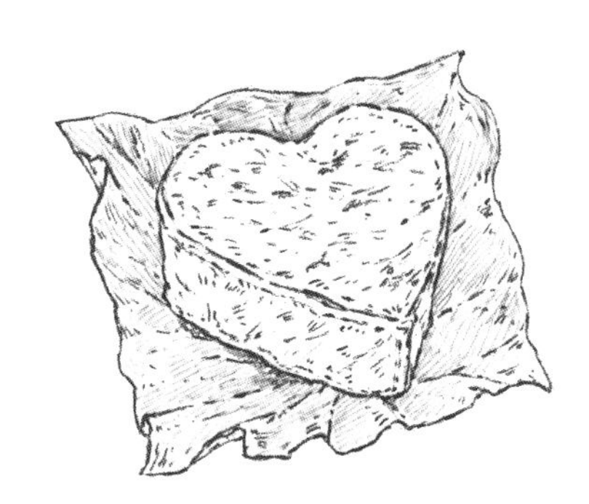

可爾德訥沙泰勒起司
Cœur de neufchatel

法國諾曼第區生產的A.O.C.起司，訥沙泰勒起司之一。除了可愛的心形起司外，還有小圓柱狀、方形訥沙泰勒起司。鹹味明顯，散發香菇香氣。適合搭配果香紅酒。

■ 乳源：牛　■ 乳脂肪：45%
■ 熟成：3週

聖安德起司
Saint-André

原產地在法國。脂肪含量高，口感如奶油般濃醇。搭配水果或淋上蜂蜜都很美味。

■ 乳源：牛　■ 乳脂肪：75%
■ 熟成：1～3週

修爾斯起司
Chaource

法國香檳區的A.O.C.起司。和契福瑞（chevre，山羊）起司的製法雷同，質地滑順濃郁，風味也很類似。和同產地的香檳相當對味。外形呈圓柱狀，一個重約400g。

■ 乳源：牛　■ 乳脂肪：50%
■ 熟成：約1個月

大公爵起司
Suprême

產地位於法國諾曼第區。是乳脂肪含量高的雙倍乳脂起司。Suprême是法文「頂級」的意思。口感滑順而味道溫和，最適合當前菜。外形呈橢圓狀，一個重約125g。

■ 乳源：牛　■ 乳脂肪：62%
■ 熟成：2週

巴拉卡起司
Baraka

產地位於法國法蘭西島區。外形呈馬蹄狀，在法國是招來幸運的象徵，最適合送禮。奶香濃醇、鹹味十足。

■ 乳源：牛　■ 乳脂肪：60%
■ 熟成：2～6週

小布利起司
Petit Brie

產地位於法國諾曼第區。牛奶加奶油混合製成的新款布利起司。質地柔順口感溫和。外形呈圓盤狀，一個重約1kg。

■ 乳源：牛　■ 乳脂肪：60%

科羅米爾斯布利起司
Brie de Coulommiers

和莫城布利起司、莫倫布利起司並稱布利起司三兄弟。味道優雅溫順。有農家製品和工廠製品。產地位於法國法蘭西島區。

■ 乳源：牛　■ 乳脂肪：45%
■ 熟成：4～5週

莫倫布利起司
Brie de Melun

是莫城布利起司的義弟，具野性風味。法國法蘭西島區生產的A.O.C.起司。

■ 乳源：牛　■ 乳脂肪：45%
■ 熟成：1.5～2個月

莫城布利起司
Brie de Meaux

法國法蘭西島區生產的A.O.C.起司。屬於布利起司之一，在1815年的維也納會議上被評選為「起司之王」，路易十六也很愛吃。風味比一般殺菌牛奶製成的布利起司強烈。和卡門貝爾起司一樣，內部柔軟，味道醇厚。

■ 乳源：牛　■ 乳脂肪：45%
■ 熟成：約1個月

博尼法斯起司
Bonifaz

產地位於德國巴伐利亞區。名稱來自聖本篤修道院的Bonifatius樞機。特色是口感滑順，加了青胡椒粒。

■ 乳源：牛　■ 乳脂肪：70%
■ 熟成：1～3週

【洗皮起司】

Wash Cheese

「Wash」是清洗的意思，命名由來是用鹽水或當地酒品等洗浸起司外皮使其熟成。主要產地在法國，中世紀時代在修道院製作。作法是先在起司表皮植入菌種使其熟成。菌類一繁殖就會呈現黏糊狀態，為了抑制其繁殖一邊清洗表面一邊進行熟成。在諾曼第區用蘋果白蘭地或蘋果酒，阿爾薩斯區用啤酒，勃艮地區用葡萄酒渣製成名為marc的渣釀酒洗浸等，洗浸液依地方而異。和白黴起司相比熟成時間較長，特色是氣味濃烈，內部非常柔軟且濃郁，依熟成度而味道大不相同。

艾帕斯起司

Époisses

產地位於法國勃艮地區，用當地的渣釀酒（marc）清洗表皮。熟成後的起司口感黏稠且風味強烈。外形呈圓柱狀，一個重約300～400g。

■乳源：牛　■乳脂肪：45～50%
■熟成：約3個月

塔雷吉歐起司

Taleggio

原產地在義大利。味道溫和、香氣高雅。可搭配蘋果、西洋梨或無花果等水果一起品嘗。

■乳源：牛　■乳脂肪：48%
■熟成：1.5～2個月

皮坦格洛起司

Pié d'Angloys

原產地在法國。口感香濃滑順。沒有特殊氣味所以容易入口。

■乳源：牛　■乳脂肪：62%
■熟成：3週

龐特伊維克起司

Pont l'Évêque

法國諾曼第區生產的A.O.C.起司。用鹽水洗浸熟成。味道溫和而容易入口。最佳食用時機是柔軟中帶有彈性的狀態。表皮不可食用。內部柔軟圓潤。外形呈四方形，一個重約200～350g。

■乳源：牛　■乳脂肪：50%
■熟成：1～2個月

芒斯特傑羅姆起司
Munster Géromé

法國阿爾薩斯洛林區生產的A.O.C.起司。該起司原本有兩種名稱，在阿爾薩斯稱作芒斯特起司，在洛林稱作傑羅姆起司。最早出現在中世紀的修道院中，芒斯特（munster）之名也來自修道院（monaster）。圓盤狀外形，一個重約200g～1kg。內部柔軟滑嫩。當地吃法是搭配撒上孜然的水煮馬鈴薯一起品嘗。也有無A.O.C.認證的小型芒斯特起司。

■乳源：牛　■乳脂肪：50%
■熟成：1～3個月

金山起司
Mont d'Or

法國汝拉（Jura）區的A.O.C.起司。在限定期間內（8/15～隔年3/31）製造，周圍纏繞的雲杉樹皮讓起司散發出特有香氣。在瑞士也有製法相同的Vacherin Mont-d'Or起司。用熱水燙過的湯匙挖取內部黏稠的起司食用。外形呈圓盤狀，一個重約500g～3kg。

■乳源：牛　■乳脂肪：45%
■熟成：2～4個月

里伐羅特起司
Livarot

法國諾曼第區生產的A.O.C.起司。雖然口感滑順，卻有強烈氣味，頗受行家喜愛。外形呈厚實圓柱狀，一個重約200g。

■乳源：牛　■乳脂肪：40%
■熟成：約4個月

霍依起司
Rouy

原產地在法國。有著洗皮起司特有的強烈氣味，但是味道柔和醇厚。因為鹹味十足，最好抹在蘇打餅或馬鈴薯上食用。適合搭配酒體濃厚的紅葡萄酒或香氣馥郁的純米酒。

■乳源：牛　■乳脂肪：50%
■熟成：1～2個月

霍布洛雄起司
Reblochon

法國薩瓦區生產的A.O.C.起司。和其他洗皮起司相比質地偏硬。口感香濃滑順。既是洗皮起司也是半硬質起司。除了直接吃外，在薩瓦當地也用於名為「tartiflette」的焗烤家常菜。外形呈圓盤狀，一個重約500g。

■乳源：牛　■乳脂肪：50%
■熟成：3～4週

【羊奶起司】

Chèvre Cheese

Chèvre是法文山羊的意思，通稱用山羊奶製造的起司。據說在使用牛奶之前是以山羊或綿羊奶製作起司，也可說是起司的根源。原本在希臘、西西里島、科西嘉島等牧草量少的地區，是用山羊奶製作。那裡的山羊，吃的是長在陡坡上養分濃縮的荒野牧草，因此羊奶中帶有特殊風味且濃郁。和牛奶相比，山羊奶比較酸，花費的熟成時間較長。未熟成的起司呈乾燥鬆散狀，隨著熟成而風味漸增，成為「行家喜歡」的味道。羊奶起司含有優質蛋白質，不須吃多，少量就很足夠。因此商品多是小包裝。切成薄片搭配沙拉，或和紅酒一起入口，更能引出明顯風味。

沙維尼奧爾的克羅坦起司

Crottin de Chavignol

法國貝里區（Berry）生產的A.O.C.起司。奶香濃郁，帶有酸味和些微甜味。隨著熟成產生鮮明風味。搭配羅亞爾河生產的紅、白酒都很對味。小而圓的外形，一個重約50～60g。

■ 乳源：山羊　■ 乳脂肪：45%
■ 熟成：2週～3個月

聖莫爾起司

Sainte Maure

產地位於法國都涵（Touraine）區。鹹度及酸味皆適中，外表抹上一層黑炭的起司帶有辛辣味。外形呈細長圓柱狀，一個重約300g。

■ 乳源：山羊　■ 乳脂肪：45%
■ 熟成：1個月

普瓦圖地區的沙比舒起司

Chabichou du Poitou

法國普瓦圖區生產的A.O.C.起司。外表覆滿白黴，散發著強烈的山羊奶特殊香氣。在鹹味、酸味中帶有些微甜味。和果香紅酒相當對味。外形呈圓柱狀，一個重約150g。

■ 乳源：山羊　■ 乳脂肪：45%
■ 熟成：3週～數個月

夏洛萊起司

Charolais

法國勃艮地區生產的A.O.C.起司。外皮偏藍，呈小酒桶狀。微酸中帶有濃郁奶香及杏仁風味。

■ 乳源：山羊　■ 乳脂肪：45%
■ 熟成：2～6週

謝河畔瑟萊起司
Selles-sur-cher

法國貝里區生產的A.O.C.起司。外皮撒滿炭灰，內部呈純白色。口感滑順，帶有溫和鹹味、酸味和香氣。外形呈小圓柱狀，一個重約150g。

■ 乳源：山羊　■ 乳脂肪：45%
■ 熟成：約3週

巴儂起司
Banon

法國普羅旺斯區生產的A.O.C.起司。是用栗子葉包裹熟成的起司。熟成時間越久口感越濃稠、香氣越明顯。除了直接品嘗外也能做成甜點。

■ 乳源：山羊　■ 乳脂肪：45%
■ 熟成：最短15天（其中10天包著栗子葉）

瓦朗塞起司
Valençay

原產地在法國。特色是呈梯形狀，表面覆滿黑灰。內部呈白色且口感滑順。酸味和鹹味適中，風味清爽。即便是產地、製法、形狀相同的起司，只有用無殺菌山羊奶製成的起司才可以冠上瓦朗塞之名，其餘的起司只能根據外形特色稱為「金字塔起司」。

■ 乳源：山羊　■ 乳脂肪：45%
■ 熟成：5週

比考頓起司
Picodon

法國阿爾代什省（Ardèche）和德龍省（Drôme）生產的A.O.C.起司。質地細緻滑順，擁有溫醇的酸味和鹹味。搭配酒體厚實的隆河丘白酒、紅酒都很對味。外形呈小圓柱狀，一個重約70～80g。

■ 乳源：山羊　■ 乳脂肪：45%
■ 熟成：1～3個月

普利尼聖皮耶起司
Pouligny-Saint-Pierre

法國貝里區生產的A.O.C.起司。外形特殊呈金字塔狀，所以有暱稱「艾菲爾鐵塔」。適合搭配桑塞爾（Sancerre）的白酒或紅酒、武夫賴（Vouvray）的白酒等。

■ 乳源：山羊　■ 乳脂肪：45%
■ 熟成：4～5週

佩拉東起司
Pélardon

法國隆格多克區（Languedoc）生產的A.O.C.起司。風味沉穩，適合搭配果香紅酒或不甜的白酒。外形呈小圓柱狀，一個重約70～80g。

■ 乳源：山羊　■ 乳脂肪：45%
■ 熟成：最短11天

孔德里約的里戈特起司
Rigotte de Condrieu

法國隆河・阿爾卑斯區（Rhône-Alpes）生產的A.O.C.起司。里戈特起司大多是牛奶製品，但這款卻是用山羊奶製作的珍品。柔和的酸味中散發著榛果香氣餘韻。建議搭配同產地的孔德里約白酒。小而圓的外形，一個重約30～35g。

■ 乳源：山羊　■ 乳脂肪：40%
■ 熟成：2週

【藍黴起司】

Blue Mould Cheese

經由藍黴熟成的起司，因色澤偏藍又稱藍起司。該起司的歷史久遠，據說法國的洛克福起司可追溯至西元元年，義大利的古岡佐拉起司則可追溯到9世紀左右，這兩種藍起司加上英國的史帝爾頓起司並稱「世界三大藍黴起司」。製法是將青黴菌植入牛奶或羊奶製成的凝乳中發酵，使起司布滿如大理石般的花紋並熟成。不過，和其他起司不同地方在於，是先從中間開始熟成，外側較慢。味道特色在於散發著藍黴特有的氣味和稍重的鹹味。因為是在外皮上刷鹽，所以熟成淺的內部味道偏淡，隨著時間經過整體味道才會趨於平均。藍黴起司的口感如同高乳脂起司般滑順。

康寶佐拉起司

Cambozola

原產地在德國。表面散布著白黴，內部則是藍黴。沒有特殊氣味且濃醇香滑。

■乳源：牛　■乳脂肪：70%

■熟成：4～5週

古岡佐拉起司

Gorgonzola

產地位於義大利倫巴底區。古岡佐拉是村名。和洛克福起司、史帝爾頓起司並列世界三大藍黴起司。有味道軟滑香甜的Dolce和氣味強烈刺激的Piccante兩種類型。除了用於各式料理外，淋上蜂蜜吃也很美味。

■乳源：牛　■乳脂肪：50%

■熟成：3個月

史帝爾頓起司

Stilton

產地位於英國。和古岡佐拉起司、洛克福起司並列世界三大藍黴起司。特色是味道辛辣刺激，黏稠厚實。也有不植入青黴菌，名為「白史帝爾頓（White Stilton）」的起司。和波特酒頗對味，據說是伊莉莎白女王每天必吃的早餐。

■乳源：牛　■乳脂肪：55%

■熟成：4～6個月

丹麥藍起司

Danablu

產地位於丹麥。在美國的消費量高，多用來做沙拉配料。雖然鹹味重且味道濃醇，口感卻很鮮明。可用來做前菜、甜點或藍黴起司沙拉醬。

■乳源：牛　■乳脂肪：50%

■熟成：2～3個月

巴伐利亞藍起司
Bavaria Blu

產地位於德國巴伐利亞。用巴伐利亞阿爾卑斯山腳地區的牛奶製成。因乳脂含量高而口感濃郁。除了做前菜或甜點外，也適合搭配沙拉。

■乳源：牛　■乳脂肪：50～70%
■熟成：6～8週

高斯藍起司
Bleu des Causses

法國阿基坦區（Aquitaine）生產的A.O.C.起司。和洛克福起司一樣置於洞穴中熟成，不過這款起司使用牛奶，味道也很柔和。適合搭配如教皇新堡（Chateauneuf du Pape）產區般酒體厚實的紅酒。

■乳源：牛　■乳脂肪：50%
■熟成：約3個月

上汝拉藍黴起司
Bleu du Haut-Jura

法國康堤區（Comté）汝拉山脈生產的A.O.C.起司。又稱作布勒德吉克斯起司（Bleu du Gex）。在汝拉山脈南部高地的農家或專門工廠以古法製成。

■乳源：牛　■乳脂肪：45%
■熟成：2～3個月

奧弗涅藍黴起司
Bleu d'Auvergne

法國奧弗涅區（Auvergne）生產的A.O.C.起司。味道刺激強烈。適合搭配酒體厚重的紅酒，如教皇新堡產區、瑪歌酒莊（Château Margaux）或艾米達吉產區（Hermitage）的酒款，兩者相得益彰。

■乳源：牛　■乳脂肪：50%
■熟成：3個月

艾伯特藍黴起司
Fourme d'Ambert

法國奧弗涅區生產的A.O.C.起司。因香氣高雅頗具特色，又名「高貴藍起司」。和薄酒萊產區或奧弗涅山坡葡萄酒（Côtes d'Auvergne）等酒體輕盈的果香紅酒非常對味。

■乳源：牛　■乳脂肪：50%
■熟成：約3個月

布瑞斯藍黴起司
Bresse Bleu

產地位於法國布瑞斯區（Bresse）。生產於1950年，外皮是白黴，內部是藍黴的起司。味道溫和，在喜愛沉穩風味的日本人間頗受歡迎。

■乳源：牛　■乳脂肪：50%
■熟成：1～2個月

洛克福起司
Roquefort

產地位於法國阿基坦區。是放在洛克福村的洞穴中熟成的A.O.C.起司。和義大利的古岡佐拉起司、英國的史帝爾頓起司並列世界三大藍黴起司。有著藍黴特有的強烈風味，適合搭配教皇新堡產區或卡奧爾（Cahors）生產的芳香厚實紅酒。

■乳源：綿羊　■乳脂肪：52%
■熟成：約3～5個月

【半硬質起司】

Semihard Cheese

前面介紹的五種起司屬於生鮮食品範疇，這裡列舉的半硬質起司和接下來的硬質起司，則算是保存期限長的天然起司。製法也不同，前五種是乳清水分藉由自身重量從牛奶或羊奶凝固成的凝乳中排出，相較於此，半硬質及硬質起司是在製作凝乳的過程中加溫讓水分蒸發掉，再加壓排出乳清，因此完成後的起司水分偏少且質地較硬。一般而言，半硬質起司比硬質起司小，多為單個6～10kg左右的中型體積，也用來作為加工起司的原料。另外很多起司的質地都比硬質起司軟且黏稠，中間有洞眼。依熟成度的不同而風味各異。

亞本塞起司

Appenzeller

產地位於瑞士亞本塞州。內部散布黃豆般大小的洞眼，口感滑順。熟成時加入白酒或香辛料增添風味，因此味道辛辣。據說製作於查理曼大帝時代（在位時期768～814年）。和不甜的葡萄酒相當對味。

■乳源：牛　■乳脂肪：50%
■熟成：3～4個月

歐索依拉堤起司

Ossau-Iraty

法國庇里牛斯山腳下生產的A.O.C.起司。是鄰近西班牙國界處的農家所製作。味道深奧頗具特色，但氣味沒有那麼濃烈。適合搭配卡奧爾、艾米達吉等區的紅酒。

■乳源：綿羊　■乳脂肪：45%
■熟成：約3個月

康塔勒起司

Cantal

法國奧弗涅區生產的A.O.C.起司。是法國最早的起司，也曾出現在古羅馬作家大普林尼寫的《博物誌》中。味道沉穩濃郁，適合搭配輕盈的果香紅酒。

■乳源：牛　■乳脂肪：45%
■熟成：約3～6個月

高達起司

Gouda

產地位於荷蘭。雖然原產地在荷蘭鹿特丹近郊的高達村，但現在各地都有生產。味道溫和沒有特殊氣味，熟成時間長的起司帶有栗子般的風味。除了直接吃之外，因為加熱後會牽絲，所以也用於料理上。

■乳源：牛　■乳脂肪：48%
■熟成：通常是6～8週，久的長達2年

薩姆索起司
Samsø

產地位於丹麥。內部有黃豆般大小的洞眼，味道柔和沉穩。質地略硬所以方便切成薄片，是常見的下酒菜或料理食材。適合加熱烹調，也用來作為加工起司的原料。

■ 乳源：牛　■ 乳脂肪：45%
■ 熟成：3～4個月

丹波起司
Danbo

產地位於丹麥。是該國最受歡迎的起司，味道柔和馥郁。搭配丹麥啤酒相當對味。

■ 乳源：牛　■ 乳脂肪：45%
■ 熟成：2～5個月

薩瓦多姆起司
Tomme de Savoie

產地位於法國薩瓦區。外皮包覆著紅、黃、灰色黴菌，但內部呈乳白色，質地柔軟，帶有核桃味。適合搭配薩瓦區的輕盈果香葡萄酒。

■ 乳源：牛　■ 乳脂肪：20～40%
■ 熟成：約1個月

哈伐第起司
Havarti

產地位於丹麥。內部布滿大小不一的洞眼。香滑濃郁，容易入口。

■ 乳源：牛　■ 乳脂肪：45%
■ 熟成：2～3個月

芳提娜起司
Fontina

原產地在義大利。內部散布紅豆般大小的洞眼。雖然散發刺鼻臭味，但味道清爽微甜。

■ 乳源：牛　■ 乳脂肪：45～50%
■ 熟成：4個月

叢林之花起司
Fleur du Maquis

原產地在法國。熟成時在表面撒滿迷迭香、紅辣椒等香草植物或香辛料。口感柔和，富有彈性。

■ 乳源：綿羊　■ 乳脂肪：45～50%
■ 熟成：1個月

波伏洛起司
Provolone

產地位於義大利南部。用繩子綁起吊掛煙燻製成。質地從柔軟到近似硬質起司的類型都有。柔軟的起司可以直接吃，硬質起司則刨成絲用於料理上。

■ 乳源：牛　■ 乳脂肪：44%
■ 熟成：2～6個月（依大小而異）

貝爾佩斯起司
Bel Paese

產地位於義大利。名稱有「美麗國家」之意。因為製作時會洗浸表面，也屬於洗皮起司的一種。1920年左右製成的新品種，味道甘甜溫和，口感軟滑。

■乳源：牛　■乳脂肪：45～50%
■熟成：2個月

瑪利波起司
Maribo

產地位於丹麥。質地略硬，布滿不規則的小洞眼。味道柔和美味，沒有特殊氣味。非常適合做焗烤料理。

■乳源：牛　■乳脂肪：45%
■熟成：3～4個月

蒙塞而巴貝特起司
Mamsell Babette

原產地位於德國。內部夾有切細的火腿，味道溫和，沒有特殊氣味。也適合做甜點。

■乳源：牛　■乳脂肪：45%
■熟成：3～4個月

莫爾比耶起司
Morbier

法國康堤區生產的A.O.C.起司。在製作康堤起司〈參閱p.95〉時，使用名為「凝乳（curd）」的剩餘蛋白質塊做成的起司。

■乳源：牛　■乳脂肪：45%
■熟成：2～3個月

蒙特利傑克起司
Monterey Jack

原產地在美國。口感滑順，沒有特殊氣味。在美國會切成薄片夾在三明治或起司漢堡中。一經加熱就會拉出長細絲，也適合做成焗烤或燒烤料理。搭配不甜的白酒或啤酒頗對味。

■乳源：牛　■乳脂肪：45%
■熟成：1～2個月

拉吉奧爾起司
Laguiole

法國奧弗涅區生產的A.O.C.起司。數世紀前開始在歐布拉克高原（Aubrac）的修道院中製作，以歷史悠久而自居的起司。風味可口近似康塔勒起司〈參閱p.91〉，不過產量稀少所以相當珍貴。建議搭配酒體飽滿、不遜於起司強烈氣味的紅酒。

■乳源：牛　■乳脂肪：45%
■熟成：4～6個月

【硬質起司】

Hard Cheese

利用加壓器強力擠壓排出水分，再經過長時間熟成製成質地乾硬的起司。有重達130kg的特大號製品，也有能長期保存的起司。知名商品有義大利的帕米吉安諾起司、英國的切達起司、和有紅球之名的荷蘭艾登起司等。硬質起司的外皮會隨著時間經過變成硬皮，保護內部同時進行熟成。該外皮稱作rind，近年來也有用真空膠膜取代外皮來包覆起司進行熟成的去皮（rindless）起司。可以直接當配菜吃，或是刨成絲用於料理上。後者若事先刨好備用的話會有損風味，建議每次現刨現用。起司外側和中間部位的硬度不同，所以外側用來刨絲，中間則做成配菜等，分開使用為佳。

艾登起司

Edam

原產地位於荷蘭艾登鎮。出口商品是用紅蠟封住的圓球，別名「紅球」眾所熟知。荷蘭生產的起司中，高達起司〈p.91〉也很有名，不過這款起司的脂肪含量比高達起司少，適合當減肥食物。熟成時間短的可以直接吃，比較久的則刨成絲用於料理或糕點上。

■ 乳源：牛　■ 乳脂肪：40%
■ 熟成：2個月～1年，久的長達2年

艾曼塔起司

Emmental

原產地在瑞士。一個重達60～130kg，加上風味高雅所以被譽為起司之王。特色是內部有大洞眼。如核桃般香氣馥郁、味道鮮甜。除了直接吃也用於料理上。

■ 乳源：牛　■ 乳脂肪：45%
■ 熟成：6～7個月

格拉娜帕達諾起司

Grana Padano

原產地在義大利。風味芳香，微鹹中帶有甜味。除了切碎當小菜外，也能刨絲用於料理上。

■ 乳源：牛　■ 乳脂肪：45%
■ 熟成：1～2年

葛瑞爾起司

Gruyère

原產地在瑞士。內部呈乳白色，味道微酸且濃醇。可做成起司盤、起司火鍋或洋蔥湯等。

■ 乳源：牛　■ 乳脂肪：45%
■ 熟成：4～10個月

康堤起司
Comté

法國康堤區生產的A.O.C.起司。在汝拉山區製作。隨著熟成散發出堅果甜味與濃醇氣息。除了搭配汝拉當地生產的葡萄酒外，和薩瓦、薄酒萊或馬貢（Mâcon）等產區酒體輕盈的果香葡萄酒也很對味。

■乳源：牛　■乳脂肪：45%
■熟成：4～8個月

史普林起司
Sbrinz

A.O.C.起司，據說是瑞士最古老的起司。可磨成粉入菜或切成薄片食用。風味香濃，口感略微刺激，適合搭配瑞士的白酒或阿爾薩斯的格烏茲塔明那（Gewurztraminer）白酒。

■乳源：牛　■乳脂肪：45%
■熟成：2～4年

柴郡起司
Cheshire

原產地在英國。和切達起司並列英國名產。柴郡是英國的郡名。熟成6個月以上的起司帶有榛果風味。

■乳源：牛　■乳脂肪：45%
■熟成：2～6個月

切達起司
Cheddar

原產地在英國的切達村，現在世界各國皆有製作。擁有堅果風味與甜味，熟成6個月以上的起司更是美味。還有色澤偏紅的紅切達起司。

■乳源：牛　■乳脂肪：45%
■熟成：5～8個月

修道士頭起司
Tête de Moine

原產地在瑞士。內部為白色，帶有特殊香氣及濃醇味。屬於大型起司，有專用刨刀可削出花瓣般的薄片。

■乳源：牛　■乳脂肪：50%
■熟成：6個月

帕米吉安諾雷吉安諾起司
Parmigiano Reggiano

義大利的代表性超硬質起司。僅在摩德納（Modena）、帕爾馬（Parma）、雷焦艾米利亞（Reggio Emilia）、曼托瓦（Mantova）、波隆那（Bologna）各區製作，通過嚴格審查的起司才被允許冠上此名稱。優雅的甜味中帶有豐厚韻味。可以直接吃，或磨成粉用於料理上。

■乳源：牛　■乳脂肪：32%
■熟成：18～36個月

佩科里諾羅馬諾起司
Pecorino Romano

產地位於義大利。據說是最古老的起司。帶有酸鹹味，可以直接當小菜吃或是磨成粉用於料理上。和酒體飽滿的義大利葡萄酒頗對味。

■乳源：綿羊　■乳脂肪：36%
■熟成：8～12個月

博福特起司
Beaufort

法國薩瓦省生產的A.O.C.起司。一個重達約40kg。用阿爾卑斯山高地的牧場牛奶製成的代表性高山起司，味道濃醇豐厚。和果香紅酒或不甜的白酒相當對味。

■乳源：牛　■乳脂肪：50%
■熟成：6個月

麥斯頓起司
Maasdam

產地位於荷蘭。內部有數個大洞眼。風味柔和，適合做前菜或起司鍋等。

■乳源：牛　■乳脂肪：45%
■熟成：3～5個月

米莫雷特起司
Mimolette

原產地在法國。呈橘色圓球狀，表面有小洞眼。鹹味適中，帶有溫和香氣。熟成越久的起司味道越濃郁，類似烏魚子風味。

■乳源：牛　■乳脂肪：45%
■熟成：3個月～2年

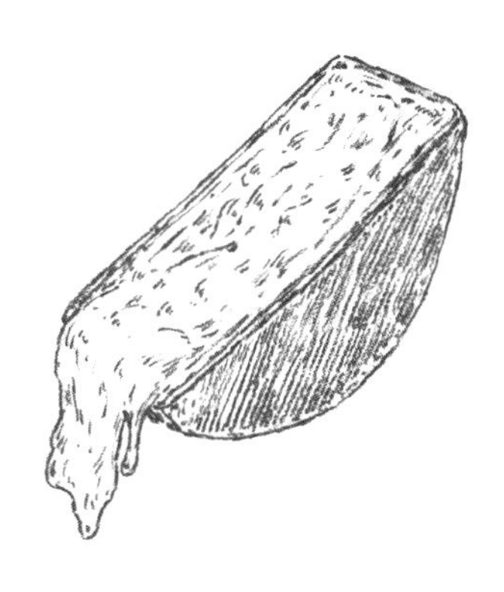

洛克雷起司
Raclette

原產地位於瑞士瓦萊州（Valais）。柔和的味道中帶有馥郁堅果香氣。可用來做瑞士料理「烤起司（raclette）」，將起司切口加熱融化後，用刀子刮取下來沾在煮過的馬鈴薯上食用。

■乳源：牛　■乳脂肪：45～50%
■熟成：6個月以上

【加工起司】
Process cheese

加熱一種或兩種以上的天然起司融化後，添加乳化劑乳化製成的起司。經由加熱讓促進起司熟成的微生物或酵素的作用失效，特色是品質穩定、保存期限長。瑞士人在1910年發明這項技術，之後大量製造的起司因品質穩定而可以運送到遠地。加工起司經由美國傳到日本，第二次世界大戰後正式在日本本土製造。優點是沒有特殊氣味，但也能混合其他起司或添加香辛料、堅果或水果等，做出頗具特色的產品。在日本甚至創造出山葵風味或紫蘇梅風味的新口味商品，拓展味覺與口感範疇。

濕潤彈牙的英式鬆餅

英式圓煎餅

材料（直徑5.5cm的圈模12個份）

A 溫水⋯20ml
　速發酵母粉⋯4g
　砂糖⋯一小撮
B 中高筋麵粉⋯200g
　砂糖⋯5g
　鹽⋯4g
牛奶⋯20ml
塗抹烤模的食用油⋯適量
奶油、蜂蜜等⋯各適量

作法

1. **A**攪拌均勻，放在有發酵功能的烤箱等30℃的地方靜置15分鐘預備發酵。
2. 調理盆中倒入**B**混拌，加入**1**和牛奶，用橡皮刮刀或刮板混拌到沒有結塊。包上保鮮膜，放在30℃的地方靜置45分鐘發酵。膨脹到約兩倍大即可。
3. 在圈模內側塗上食用油，放在小火預熱過的平底鍋上，倒入**2**至六分滿。當表面冒出點點孔洞後脫模並翻面，將兩面煎上色。
4. 盛入器皿，附上奶油、蜂蜜。

<Story>

英式圓煎餅【crumpet（英）】：麵粉加酵母（主要是速發酵母）做成的鹹點或甜點，屬於傳統英式鬆餅之一。食用時淋上的奶油或蜂蜜會流入煎麵餅時形成的點點孔洞中，相當美味。因為麵糊很軟，用圈模就能煎得漂亮。

<Story>

泡泡歐芙【popover（美）】、雲朵麵包【cloud bread（美）】：兩種都是美國的麵包種類。泡泡歐芙的名稱由來是烘烤時麵皮會自烤模中膨脹鼓起。在麵包的中空處填滿鮮奶油或沙拉，當成輕食或正餐享用。雲朵麵包的特色是如雲朵般鬆軟的口感，也是不加麵粉和速發酵母製成的無麩質食品，近年來頗受矚目。

如同泡芙外皮的麵包。在中空部分填入餡料

泡泡歐芙

材料（直徑6×高5.5cm的馬芬模6個份）

A 雞蛋…3個
　牛奶…280ml
　鹽…3g
　砂糖…2小匙
低筋麵粉…140g
高筋麵粉…30g
融化的奶油…15g
塗抹烤模的奶油…適量

作法

1 調理盆中放入A，用打蛋器充分攪拌。倒入混合過篩的低筋麵粉和高筋麵粉，混拌到沒有粉末結塊。

2 加入融化的奶油，攪拌均勻。

3 烤模塗上奶油，倒入2至六分滿。放入預熱到210℃的烤箱中烤20分鐘，調降到180℃再烤約15分鐘。

輕柔鬆軟的無麩質麵包

雲朵麵包

材料（6片份）

奶油起司…50g
砂糖…1大匙
蛋黃…2個份
A 蛋白…2個
　鹽…一小撮
　泡打粉…1/4小匙
　細砂糖…1大匙
喜歡的餡料（蔬菜、起司、果醬等）
　…適量

作法

1 調理盆中放入奶油起司回復至常溫，揉捏使其軟化。加入砂糖用打蛋器攪拌，倒入蛋黃攪拌均勻。

2 另取一調理盆放入A，用電動攪拌器打發成紮實的蛋白霜。

3 分2次在1中加入2，用橡皮刮刀切拌均勻。

4 烤盤鋪上烘焙紙，取3抹成厚1cm×直徑10cm的圓形（橢圓形也可以）。放進預熱到170℃的烤箱中烤約10分鐘。

5 取出放涼，夾入喜歡的餡料。

下午茶的必備茶點

司康

材料（直徑5cm的菊型模8個份）

A 蛋黃…1個份
- 牛奶…40ml
- 砂糖…20g
- 鹽…少許

鮮奶油…100ml
香草油…少許
麵粉…200g
泡打粉…2小匙
蛋液或牛奶…適量
凝脂奶油、果醬等…各適量

作法

1. 調理盆中倒入**A**充分攪拌，加入鮮奶油和香草油。放入混合過篩的麵粉和泡打粉，用橡皮刮刀切拌均勻。
2. 整形成團包上保鮮膜，放進冰箱靜置30分鐘。
3. 用擀麵棍擀成2cm厚後拿菊型模切取，排放在烤盤上。表面用刷子刷上蛋液或牛奶，放進預熱到180℃的烤箱中烤約15分鐘。食用時沾取凝脂奶油或果醬。

<Story>

司康【scone（英）】：蘇格蘭的傳統點心。據說是模仿巴斯司康城內國王加冕時的寶座底部聖石，將外形做成圓形。因為是聖石所以不用刀切，習慣以手橫向撥開食用。為了方便橫向撥開，建議分成2層烘烤，斷面稱為「狼之口」。

將喜歡的餡料捲包起來食用的中國麵粉料理

春餅

材料（10片份）

低筋麵粉…70g
高筋麵粉…30g
鹽…少許
食用油…1/2小匙
熱水…約70ml
芝麻油、食用油…各適量
甜麵醬…適量
喜歡的餡料（火腿、小黃瓜、蛋絲等）
…適量

作法

1 低筋麵粉和高筋麵粉混合後篩入調理盆中，加入鹽、食用油和熱水，用調理筷繞圈攪拌均勻。

2 降溫到可觸摸的溫度後，用手充分搓揉到近似耳垂的硬度。揉成團後包上保鮮膜，靜置30分鐘以上。

3 整成直徑3cm的條狀，切成10等份。

4 切口朝上用手掌輕壓。在5片的單面塗上一層薄芝麻油，剩下的每一片則重疊放好。疊起2片並用擀麵棍擀成直徑15cm左右。

5 平底鍋轉小火加熱後倒入食用油抹開，放入**4**，將雙面煎熟並注意不要煎上色。

6 煎完後一片片撕開，對半摺好盛入器皿中。
※沒有要立即食用的話，可以蓋上乾布巾來防止變乾。如果冷掉了，可用微波爐稍微加熱。

7 塗上甜麵醬，放上喜歡的配料捲包起來食用。

〔春餅皮的作法〕

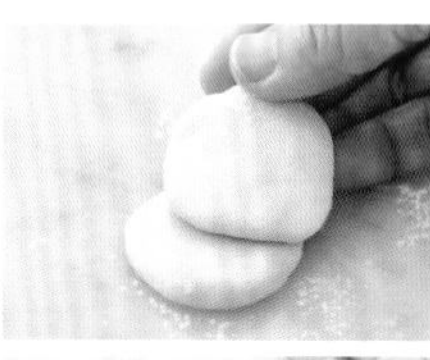

1）用手在擀平的餅皮上塗芝麻油，再疊上另一片貼緊。

2）在2片重疊的狀態下，用擀麵棍擀成直徑15cm左右的圓形。

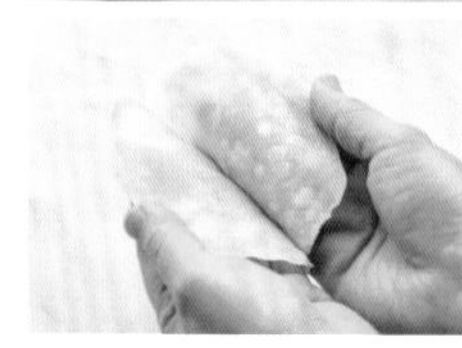

3）下鍋煎熟，撕開相連的2片，每片分開盛入器皿上。

<Story>

【春餅】：中國以煎餃或燒賣為首，有很多將麵粉加水揉製後烹調的料理，立春當天吃的春餅就是其中之一。在擀薄後煎熟的餅皮上塗甜麵醬，捲包起蔬菜或肉類食用。餅皮和日本當地北京烤鴨附的大致相同。

可事先準備的基本款三明治

雞蛋三明治

材料（2人份）

三明治吐司…4片
雞蛋…2個
美乃滋…2大匙
鹽…少許

作法

1. 小鍋中倒水開火加熱，快煮沸前關火，放入雞蛋。再次加熱，沸騰後轉中小火煮12分鐘。放入冷水中降溫。
2. 剝殼後放進食物調理機中打碎，倒入調理盆中。加入美乃滋和鹽。
3. 取2片吐司各塗上1/2量的**2**，疊放上另一片，將四周壓緊。包上保鮮膜或是蓋上擰乾的濕布，用鐵盤等重物壓緊入味，切成容易入口的大小。

添加少許美乃滋提味

水果三明治

材料（2人份）

三明治吐司…4片
奇異果…1個
芒果…1/2個
橘子（罐頭）…12粒
鮮奶油…50ml
砂糖…5g
美乃滋…5g

作法

1. 奇異果去皮切成6等份的扇形。芒果去皮挖除果核切成1.5cm寬。橘子瀝乾糖水。
2. 調理盆中倒入鮮奶油和砂糖，底部隔冰水用打蛋器打發至紮實。加入美乃滋混合均勻。
3. 取2片吐司各塗上半量的**2**。放入水果排得繽紛且整齊，輕壓水果至鮮奶油中，疊放上剩下的吐司。
4. 包上保鮮膜或是蓋上擰乾的濕布，放進冰箱充分冷藏。切成容易入口的大小。

{利用市售麵包}

<Story>

三明治【sandwich（英）】：英國肯特郡三明治村的第四代領主──約翰．孟塔古．三明治伯爵（1718～1792）發明的餐點。其由來是喜歡玩橋牌的他，為了用餐時不打斷牌局，而用麵包夾住餡料吃。

材料（8～10人份）

三明治吐司…3片

奶油起司（常溫）…40g

A 鮭魚

煙燻鮭魚…4～5片

葡萄（綠色可連皮吃的無籽葡萄，切薄片）…3個份

酸豆…9粒

檸檬（切扇形片）…9片

蒔蘿…適量

B 水煮蛋

莎樂美腸（薄片）…9片

水煮蛋（切半圓形片）…1個份

小番茄（切6塊）…1個半

玉米筍（汆燙切小塊）…2條份

美乃滋…適量

洋香菜（切末）…少許

C 生火腿

生火腿…4～5片

小蘆筍（以鹽水煮過，切成易擺飾大小）…6條份

黑橄欖（去籽，切圓片）…9片

紅椒（切細條）…適量

美乃滋…2大匙

作法

1 吐司塗上奶油起司。

2 在1片份的吐司上鋪滿A的煙燻鮭魚、另1片份的吐司上鋪滿C的生火腿。所有吐司切成9等份的正方形，或是切取成直徑3cm的圓形。

3 分別從上依序擺放A～C的繽紛材料。

<Story>

卡納佩小點【canapé（法）】：法式開放式三明治。麵包切成薄片再分切成方形，放上肉醬、奶油或配料後提供。當作開胃菜的小點又稱作「俄國風卡納佩」，以各色配料或奶油花邊做出美麗裝飾，妝點出熱鬧的餐桌氣息。

用彩色配料點綴得賞心悅目

卡納佩小點

<Story>

吐司先生【croque-monsieur（法）】：頗受法國人歡迎的輕食之一。用麵包夾取火腿、起司和白醬後以平底鍋煎熱。croque＝口感酥脆，monsieur＝紳士的意思。吐司女士（croque madame）則是夾取雞肉，或將半熟荷包蛋放在吐司先生上。

切成小塊化身酒食

吐司先生

材料（1組份）

三明治吐司（10片裝、帶吐司邊）… 2片
白醬（市售品）… 50g
肉荳蔻 … 少許
火腿、起司片 … 各1片
格呂耶爾起司 … 適量

作法

1. 吐司抹上白醬，撒上肉荳蔻。
2. 取一片放上火腿和起司片，再放上另一片吐司夾起來。
3. 格呂耶爾起司削成薄片撒在2上，放進小烤箱裡烤熱。

有別於硬麵包外表的美味

法式吐司

<French Toast>

<Story>

法式吐司【pan perdu（法）】：法文「失敗的麵包」之意，把隨時間經過而變硬的麵包泡在將雞蛋和牛奶混合的蛋汁中，再用奶油煎烤。也可以加砂糖做成甜點。日本的慣用說法是French toast。

材料（2人份）

法國長棍麵包＊（切成4cm厚）…4個
雞蛋…2個
細砂糖…20g
牛奶…100ml
奶油…20g
糖粉…適量
喜歡的水果、蜂蜜、楓糖、
　香緹鮮奶油等…各適量

＊也可以用布里歐麵包或吐司。

作法

1　調理盆中放入雞蛋和細砂糖，用打蛋器充分攪拌，再倒入鮮奶混拌。放入法國長棍麵包浸泡10分鐘以上備用。

2　平底鍋以小火加熱後放入一半的奶油，放入**1**煎3～4分鐘。煎上色後翻面，放入剩下的奶油以相同方法煎上色。

3　盛入器皿，撒上糖粉。依喜好附上水果、蜂蜜或香緹鮮奶油等。

端出震撼十足的主角級餐點！

三明治麵包盅

材料（5～6人份）

大型麵包（多穀麵包、鄉村麵包等）…1個

◆餡料

雞蛋美乃滋〈參考p.101雞蛋三明治的作法1～2〉…適量

火腿、生菜、番茄、起司片、美乃滋等…各適量

南瓜沙拉〈參考右下作法〉…適量

作法

1 參閱以下說明挖成中空的麵包。

2 中間部分的麵包橫切成8mm厚的薄片，夾入餡料。切成容易入口的大小，放回麵包盅內，蓋上蓋子。

〔挖空麵包的作法〕

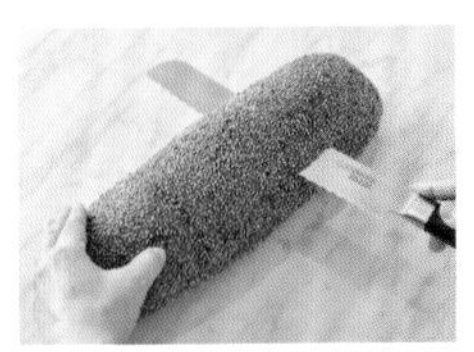

1）將麵包從上方算來3cm處水平切開，做成蓋子。

2）用刀子從側邊算來1cm處，於內部繞圈劃下切痕。須注意不要刺穿底部。

3）從底部算來1cm處將部分麵包橫向劃開，慢慢地移動刀子切開底部和中間麵包。須注意不要切斷對側。

4）完成。中間麵包切片，夾入餡料後放回麵包盅即可。

<Story>

三明治麵包盅【sandwich surprise（法）】：法國當地製作的三明治之一。挖出裸麥鄉村麵包的內部，做成三明治，再放回原本的麵包盅，是妝點餐桌、打造派對氛圍用的三明治。

〔南瓜沙拉〕

材料（容易製作的份量）

南瓜…1/4個

西洋芹…10cm

葡萄乾…20g

核桃…20g

A 美乃滋…35g

　花生醬…15g

鹽、胡椒…各適量

作法

1 南瓜切成一口大小並去皮。

2 西洋芹切成薄片撒上少許鹽搓揉，擰乾水分。葡萄乾泡熱水回軟後切粗粒。核桃放進150℃的烤箱中烤約8分鐘再切粗粒。

3 南瓜放入耐熱容器中包上保鮮膜，放進600W的微波爐加熱約3分鐘。

4 趁熱磨成泥，放涼到人體肌膚左右的溫度，加**A**混合均勻。放涼後加**2**，撒鹽、胡椒調味。

｛聖誕麵包｝

<Story>

潘妮朵妮水果麵包【panettone（義）】：麵團中放了奶油、雞蛋和水果乾，添加特殊的潘妮朵妮酵母製成，是義大利必備的聖誕麵包。從米蘭拓展到義大利全國，目前則常在假日或平日時食用。本頁介紹使用速發酵母粉製作的食譜。

潘妮朵妮水果麵包

<Story>

貝拉維加洋梨麵包【berawecka（法）】：流傳於法國阿爾薩斯地區的聖誕點心，品名有「洋梨麵包」的意思。如名稱所示，使用大量以洋梨為首的果乾類食材製成。雖然有用到麵包體，但和水果乾相比用量相當少，僅作黏合之用。切成薄片搭配紅酒就很美味。

貝拉維加洋梨麵包

說到義大利的聖誕麵包就是這個

潘妮朵妮水果麵包

材料

（潘妮朵妮專用大型紙杯1個份或
小型紙杯6個份）

◆中種麵團

A 高筋麵粉…120g
速發酵母粉…6g
砂糖…20g
溫水…80ml

◆主麵團

B 高筋麵粉…80g
砂糖…20g
鹽…3g
蜂蜜…10g
蛋黃…2個
牛奶…20ml

奶油（常溫）…50g
綜合蘭姆酒漬水果乾（市售品）…100g
食用油、蛋液…各適量

作法

1 製作中種麵團。調理盆中倒入**A**，用橡皮刮刀混拌約3分鐘，包上保鮮膜，放在有發酵功能的烤箱等30℃的地方靜置1個半小時～2小時發酵。膨脹到約兩倍大即可。

2 製作主麵團。另取一調理盆放入**B**和中種麵團，用刮板充分混拌。移到工作台上，用手充分搓揉到產生黏性。

3 當麵團變得光滑後加入奶油，再充分搓揉。當產生黏性且拉開時有出現薄膜即可。注意麵團溫度不要高於26℃。

4 加入蘭姆酒漬水果乾拌勻。揉成圓形後放入塗上少許油的調理盆中，包上保鮮膜，放在有發酵功能的烤箱等30℃的地方靜置1小時做一次發酵。

5 取出麵團再次揉圓（使用小紙杯的話分成6等份再揉圓），蓋上擰乾的濕布，靜置10分鐘（醒麵）。

6 再次將**5**揉圓後放入紙杯中。包上保鮮膜，放在35℃的地方靜置約30分鐘做二次發酵。

7 表面塗上蛋液，用刀子劃上十字紋。放進預熱到170℃的烤箱中烤約20分鐘（小紙杯的話13分鐘）。

令人上癮的濃郁水果乾滋味

貝拉維加洋梨麵包

材料（4條份）

◆麵包體

A 高筋麵粉…80g
速發酵母粉…1g
砂糖、鹽…各1g

水（28℃左右）…50ml

◆水果乾

洋梨、葡萄乾…各80g
西梅乾、杏桃、無花果、糖漬橙皮
…各60g
糖漬櫻桃（紅、綠）…共20g

櫻桃白蘭地…30ml

◆香辛料

肉桂、肉荳蔻、丁香、薑粉、粗粒黑胡椒
…各適量

杏仁片…50g
杏仁（烤過）…適量
糖漬櫻桃（紅、綠）…各適量
B 糖漿＊…60ml
櫻桃白蘭地…5ml

＊以30g的細砂糖加30g的水煮融後放涼。

作法

1 製作麵包體。調理盆中放入**A**，用手充分混合，再加水混拌均勻。充分搓揉到產生黏性。

2 **1**揉圓後包上保鮮膜，放在有發酵功能的烤箱等30℃的地方靜置45～60分鐘進行一次發酵。

3 果乾類除了糖漬櫻桃對半切外，其餘的切成1cm丁狀混合均勻，倒入櫻桃白蘭地拌勻。加入**2**、香辛料和杏仁片搓揉到麵團變色。

4 **3**分切成4份（各140g左右），手一邊沾水一邊揉圓麵團整成紡錘狀，放在烤盤上。

5 在表面壓入杏仁、對半切的糖漬櫻桃。不包保鮮膜，靜置於常溫下約1小時進行二次發酵。

6 放入預熱到150℃的烤箱中烤50～60分鐘。整體塗上拌勻的**B**。

慢慢分切享用直到聖誕節來臨

史多倫聖誕麵包

材料（3條份）

◆預備發酵

A 溫水…40ml
- 速發酵母粉…8g
- 砂糖…1g

◆麵包體

B 中高筋麵粉…200g
- 砂糖…30g
- 鹽…2g
- 生杏仁膏…10g
- 奶油（常溫）…60g
- 起酥油…20g
- 雞蛋…20g
- 牛奶…30g
- 肉桂…1g
- 肉荳蔻…1g
- 丁香…少許

綜合蘭姆酒漬水果乾（市售品）…120g
杏仁（烤過）…40g
核桃…20g
生杏仁膏…90g
融化的奶油…30g
細砂糖…適量
糖粉…適量

作法

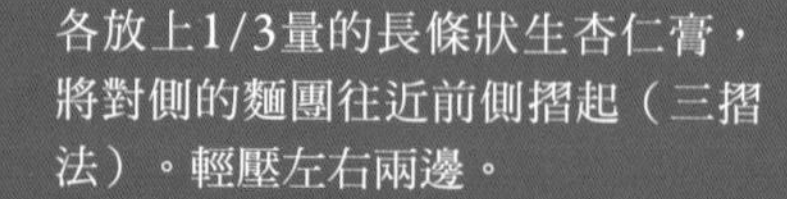

1 A混合均勻，放在有發酵功能的烤箱等30℃的地方靜置15分鐘做預備發酵。

2 調理盆中放入B、1，充分混拌均勻。當麵團不黏盆後，加入蘭姆酒漬水果乾、切細的杏仁和核桃混拌。

3 調理盆包上保鮮膜，放在30℃的地方靜置約1小時做一次發酵。

4 切成3等份搓圓，蓋上濕布靜置20分鐘（醒麵）。

5 用擀麵棍將每份麵團擀成12×16cm的長條狀。近前的1/3摺起，各放上1/3量的長條狀生杏仁膏，將對側的麵團往近前側摺起（三摺法）。輕壓左右兩邊。

6 放在烤盤上包上保鮮膜，放在30℃的地方靜置約20分鐘做二次發酵。

7 放進預熱到180℃的烤箱烤約20分鐘。

8 烤好後立刻在表面塗上融化的奶油，降溫後撒上細砂糖。

9 完全放涼後撒上大量糖粉，用保鮮膜包起來熟成1週左右。食用時切成1～1.5cm寬的麵包片。切片後盡早食用完畢。

<Story>

史多倫聖誕麵包【stollen（德）】：德國或奧地利等以日耳曼民族為主的國家中常見的傳統聖誕麵包。據說特殊的外形是模仿聖嬰誕生時的襁褓或搖籃，糖粉則象徵出生時的白雪。從聖誕節的4週前開始慢慢分切食用。烤好後靜置1週熟成會更美味。

12月聖尼古拉日吃的人形麵包

人形甜麵包

材料（9個份）

◆人形麵包體

A 高筋麵粉…240g
- 速發酵母粉…6g
- 砂糖…30g
- 鹽…4g
- 脫脂奶粉…25g
- 雞蛋…60g

水…108g
奶油…60g

蘭姆葡萄乾…70g
蛋液…適量

作法

1 使用上述的人形麵包體材料，參考p.140圓麵包作法**1～3**搓揉。

2 加入葡萄乾後揉圓，放進塗上少許奶油（份量外）的調理盆中，包上保鮮膜，放在有發酵功能的烤箱等30℃的地方靜置50分鐘做一次發酵。

3 分成9份（約60g）揉圓。放在烤盤上包好保鮮膜，靜置15分鐘（醒麵）。

4 製作頭、腳、手的部分。麵團滾成長條狀，押出脖子部分做成頭部，再用刀子劃開麵團做成手腳造型。

5 擺在烤盤上，放在35℃的地方靜置20～25分鐘做二次發酵。

6 塗上蛋液，放進預熱到180℃的烤箱中烤約10分鐘。

※**1～2**的步驟也可用麵包機的「麵團製作程序」來製作。放進人形麵包體的材料，當投入配料的指示音響起後，加入葡萄乾，直到完成一次發酵。

<Story>

人形甜麵包【manele（法）】：12月的第一個週日在比利時或法國阿爾薩斯區，歡度兒童守護神「聖尼古拉」節時吃的麵包。據說聖尼古拉是聖誕老人的原型。以布里歐麵團做成的人形麵包，在阿爾薩斯習慣搭配可可一起享用。

辦一場完美的餐前酒派對

擺盤訣竅 II

外觀可愛、色彩豐富的零嘴或甜點，最適合搭配透明罐及玻璃製器皿。
討喜的模樣相當吸睛。

— idée —
1

分裝保存的點心
可連同玻璃罐一起上桌

將料理倒入乾淨的玻璃罐中直接端上桌。在小玻璃罐中放入單人份也很可愛。因為材質透明，建議裝入色彩漂亮的甜點。不用重新盛入器皿中，所以當天就能輕鬆上桌。

— idée —
2

將盤子疊放在玻璃杯上
代替高腳盤

將盤子放在穩定性高的玻璃杯上，代替高腳盤使用的創意。增加高度來變化出不同的造型。玻璃杯中可以放入花卉、種子或香草植物來展現季節感。

糕餅、甜點

Chapitre 4.

Gâteaux et Desserts

像下午茶般拿取糕餅或甜點，

也是享受餐前酒派對的形式之一。

搭配酒款或無酒精飲料

度過美好的午後時刻。

加了大量香料和蜂蜜

香料蛋糕

材料（高4×寬7×長18cm的磅蛋糕模〈小〉2條份）

A 蜂蜜…150g
　奶油…40g
　鹽…一小撮
雞蛋…1個
黑糖…50g
B 中高筋麵粉…110g
　裸麥麵粉…50g
　泡打粉…10g
　香料蛋糕專用綜合香料…10g

事前準備

・烤模鋪上烘焙紙備用。
・烤箱預熱到170℃備用。

作法

1 鍋中倒入A開小火加熱，融化奶油。放涼到人體肌膚左右的溫度。

2 雞蛋打入調理盆中攪散，加入黑糖用打蛋器攪拌。分次加入少量的1拌勻，加入過篩的B混拌均勻。

3 倒入烤模，放進預熱到170℃的烤箱中烤約40分鐘。

<Story>

香料蛋糕【pan d'épices（法）】：直譯的話就是「用香料做成的麵包（此處指的是糕點）」。用麵粉、蜂蜜和各種香料混拌製成。除了烤成磅蛋糕形狀外，也可以做成扁平的餅乾狀。據說源自10世紀左右中國軍隊攜帶的軍糧，經由蒙古傳到中東，再透過十字軍帶回歐洲。

尺寸迷你可愛的基本款糕點

迷你瑪德蓮〈小瑪德蓮〉

材料（迷你瑪德蓮模15～20個份）

雞蛋…1個
砂糖…50g
鹽…少許

A 低筋麵粉…50g
　泡打粉…0.8g
奶油…50g
檸檬汁…1小匙

事前準備

・烤模塗上奶油（份量外）備用。
・烤箱預熱到180℃備用。

作法

1 雞蛋打入調理盆中攪散，加入砂糖和鹽攪拌。
2 **A**混合後篩入**1**中，用打蛋器攪拌均勻。
3 奶油隔水加熱到40℃左右融化，加入**1**中。接著倒入檸檬汁攪拌均勻。
4 倒入烤模中，放進180℃的烤箱烤約8分鐘。

<Story>

迷你瑪德蓮【madeleinette（法）】：瑪德蓮的單字（madeleine）是加上有「小型～」之意的法文ette所組成，也就是小瑪德蓮的意思。瑪德蓮是烤成貝殼形，起源自法國的奶油蛋糕之一。

焦香奶油和杏仁是決定味道的關鍵

費南雪

材料（費南雪模8個份）

奶油…90g
蛋白…90g
砂糖…70g

A 杏仁粉…35g
　低筋麵粉…35g
香草油…少許

事前準備

・烤模塗上少許奶油，撒上高筋麵粉（兩種材料皆份量外）備用。

作法

1 製作焦香奶油。小鍋中放入奶油開小火加熱，用打蛋器一邊攪拌一邊煮到變金黃色。鍋底隔水2～3秒避免溫度上升，用濾網過濾。
2 調理盆中放入蛋白和砂糖用打蛋器攪拌，加入過篩的**A**混拌均勻。放入**1**、香草油拌勻。
3 倒入烤模中，放進預熱到160℃的烤箱中烤約15分鐘。

<Story>

費南雪【financier（法）】：19世紀後半期，巴黎的糕餅師傅拉內（Rânes）為了讓附近證券交易所內的金融家（financier）們食用時不弄髒手而想出的點心。

時尚造型成為餐桌上的人氣王

藍莓優格慕斯

材料（70ml的容器10個份）

藍莓（罐裝糖漬品）…90g
原味優格…70g
砂糖…30g
檸檬汁…2小匙
A 吉利丁粉…5g
　水…25ml
B 鮮奶油…110ml
　白蘭地…2小匙
C 鮮奶油…60ml
　砂糖…1小匙
　白蘭地…1小匙
藍莓、薄荷…各適量

事前準備

・**A**倒入耐熱容器中攪拌泡發備用。

作法

1. 藍莓濾乾糖水，用手持式攪拌棒等工具打成泥狀。倒入調理盆中，加入優格、砂糖和檸檬汁攪拌均勻。
2. 將泡發的**A**放進微波爐加熱融解，倒入**1**中混合。調理盆底隔冰水用橡皮刮刀攪拌至黏稠。
3. 另取一攪拌盆倒入**B**，底部隔冰水用打蛋器攪拌，打到八分發。加到**2**中混拌均勻。
4. 倒入器皿中，放進冰箱冷藏2小時凝固。
5. **C**混合後打到八分發，在**4**上擠出一小球。放上藍莓和薄荷裝飾。

<Story>

慕斯【mousse（法）】：參考p.23。慕斯甜品係以蛋白霜或打發的鮮奶油為主體加入水果泥或巧克力等製成。利用氣泡的力量定形，不過，若是外帶品，為了加強定形力，有時會添加1～1.5%的吉利丁。

靜置2～3天入味後更可口

水果蛋糕

材料（高6.5×寬4.5×長23cm的細長型磅蛋糕模1條份）

奶油（常溫）…50g
糖粉…50g
蛋液…30g
杏仁粉…50g
綜合蘭姆酒漬水果乾（市售品）…70g
A 蛋白…30g
　細砂糖…15g
　鹽…少許
B 高筋麵粉…15g
　低筋麵粉…20g
堅果（核桃、開心果、杏仁片）…適量
裝飾用蘭姆酒…適量

事前準備

・烤模鋪上烘焙紙備用。

・烤箱預熱到170℃備用。

作法

1 調理盆中放入奶油和糖粉，用打蛋器攪拌到泛白。

2 蛋液分3次倒入**1**中，每次都要充分攪拌均勻。加入杏仁粉攪拌，再放入蘭姆酒漬水果乾。

3 另取一調理盆放入**A**用手持式攪拌棒打成蛋白霜，取部分加入**2**中混拌。加入已過篩的**B**，用橡皮刮刀混拌，再倒入剩下的蛋白霜迅速混拌。

4 倒入烤模中撒上堅果，放進預熱到170℃的烤箱中烤約30分鐘。脫模取出蛋糕，趁熱塗上蘭姆酒。

<Story>

水果蛋糕【fruit cake（英）】：英國的傳統糕點。用蘭姆酒或白蘭地浸漬數種水果乾，再和奶油蛋糕體拌勻後烘烤而成。因為加了浸漬水果乾所以通稱水果蛋糕，就算配料有所差異也是同類糕點。

女王喜愛的英國國民蛋糕

維多利亞夾心蛋糕

材料（直徑18cm的圓模1個份）

奶油…120g
A 低筋麵粉…120g
｜泡打粉…1小匙
雞蛋…120g
砂糖…120g
牛奶…30ml
覆盆子果醬…適量

事前準備

- 奶油、雞蛋、牛奶回復室溫備用。
- A混合過篩備用。
- 烤模塗上奶油、低筋麵粉（皆是份量外），輕敲後備用。
- 烤箱預熱到170℃備用。

作法

1 調理盆中放入奶油，分數次倒入已過篩的A，用打蛋器攪拌均勻。

2 另取一調理盆放入雞蛋和砂糖，用打蛋器打發到蓬鬆狀態，倒入牛奶。

3 2分3～4次加入1中，用打蛋器攪拌均勻。

4 倒入烤模中，放進170℃的烤箱中烤約20分鐘。脫模取出後放涼。

5 橫向對半剖開，中間塗上覆盆子果醬包夾。

<Story>

維多利亞夾心蛋糕【Victria sandwich cake（英）】：在19世紀的英國，為了安慰因丈夫阿爾巴公爵猝死而傷心度日的維多利亞女王所製作的蛋糕。海綿蛋糕中只夾著果醬的簡單美味，至今仍受英國人喜愛。

再多也吃得下的輕盈口感

蘋果奶油&鹹餅乾

<Story>

鹹餅乾【cracker（英、美）】：介於麵包和糕點間的一種鹹餅乾。語源來自英文的「crack」意指碎裂，近年來被視為零嘴小吃。在美國也經常將餅乾（biscuit）叫成鹹餅乾（cracker）。

◎蘋果奶油

材料（容易製作的份量）

A 蘋果…250g（淨重）
細砂糖…100g
檸檬汁…2小匙
白酒…2大匙
奶油…30g
白蘭地…2小匙
鹽…少許

事前準備

・A的蘋果去皮切除果核，切成薄片，撒上細砂糖直到出水後備用。

作法

1 將A連同流出的水分一起放入鍋中，加入檸檬汁、白酒開火加熱。沸騰後轉小火，熬煮過程中持續攪拌以避免燒焦，煮約20分鐘直到水分收乾。

2 倒入調理盆中，放涼到40～35℃後，加入奶油、白蘭地和鹽，用手持式攪拌棒等工具打成泥狀。

◎鹹餅乾

材料（容易製作的份量）

奶油…35g
起酥油…15g
A 低筋麵粉…100g
泡打粉…1小匙
糖粉…5g
海藻糖…2g
鹽…1/3小匙
冷水…30ml

事前準備

・奶油切成1cm丁狀，和起酥油一起放進冰箱冷凍，直到使用前再取出。

作法

1 將A放入食物調理機中攪拌2～3秒。加入冰冷的奶油和起酥油攪打成鬆散狀態。

2 加冷水繼續攪拌成鬆散狀。倒入調理盆中揉捏成團。

3 放進約25×30cm的夾鏈袋中，用擀麵棍從袋子上方擀成15×25cm。放進冰箱冷凍10～15分鐘。

4 從袋中取出，拿切模或刀子切取成喜歡的形狀和大小。放在烤盤上，依喜好拿竹籤戳出幾個洞。

5 放進預熱到160℃的烤箱中烤約15分鐘。

抹在起司上品嘗甜×鹹滋味

三種果醬

<Story>

果醬【confiture（法）】：法文中泛指加糖熬煮的果實類製品，相當於英文中的jam或preserves。同為果醬，但preserves保留的果肉比較多。語源來自法文的醃漬confit（浸泡在糖液等液體中，延長保存期限的食品總稱）。

◎奇異果蘋果果醬

材料（容易製作的份量）

奇異果…3個
蘋果…1/2個
細砂糖…奇異果和蘋果（淨重）用量的60%
檸檬汁…1大匙
白蘭地…2小匙

作法

1 奇異果去皮，用食物調理機打碎。蘋果去皮切除果核磨成泥。計算總重量，準備占整體用量60%的細砂糖量。

2 鍋中倒入**1**和檸檬汁充分攪拌，開大火加熱。沸騰後轉中火，時不時地撈除浮渣一邊熬煮。

3 出現光澤後關火，加入白蘭地。放涼後倒入乾淨的玻璃罐中蓋上蓋子，放進冰箱冷藏保存。

◎鳳梨香草果醬

材料（容易製作的份量）

鳳梨…300g（淨重）
A 細砂糖…150g
　檸檬汁…1大匙
　檸檬草…2根
薰衣草…1g

作法

1 鳳梨去皮，放入食物調理機中打碎。

2 倒入鍋中，加入**A**攪拌。一邊時不時地撈除浮渣一邊用中火熬煮。

3 出現光澤後關火，加入薰衣草。放涼後倒入乾淨的玻璃罐中蓋上蓋子，放進冰箱冷藏保存。

◎水果乾果醬

材料（容易製作的份量）

A 蘋果…1/2個
　細砂糖…30g
　白酒…50ml
　水…2大匙
B 葡萄乾…50g
　橙皮（切末）…50g
　西梅乾（切末）…50g
　無花果乾（切末）…50g
C 肉桂…1根
　丁香…1個
　小荳蔻（壓碎）…1個
肉荳蔻粉…0.3g
薑粉…0.5g

作法

1 **A**的蘋果去皮切除果核磨成泥，和其他材料一起放入小鍋中煮滾，轉中火煮2～3分鐘。

2 加入**B**和包在紗袋中的**C**，一邊攪拌一邊轉大火煮3分鐘。出現光澤後關火，加入肉荳蔻粉和薑粉。

3 放涼後連同香辛料一起倒入乾淨的玻璃罐中蓋上蓋子，放進冰箱冷藏保存。

完成後撒上的黑胡椒起畫龍點睛之效

黑啤棉花糖

材料（18×15cm的方框1個份）

A 黑啤酒…45g
細砂糖…40g
轉化糖…25g
海藻糖…10g

B 吉利丁粉…7g
水…35g
轉化糖…40g

粗粒黑胡椒…適量
防潮糖粉…適量

事前準備

・把烘焙紙鋪在方框上，底部撒上防潮糖粉備用。

作法

1. 耐熱容器中倒入**B**的吉利丁粉和水泡發，放進微波爐加熱融解。倒入大調理盆中，加入轉化糖。
2. 鍋中放入**A**開火加熱，熬煮到110℃。加入**1**，在溫度降低前用手持式攪拌棒以高速打發。
3. 倒入方框內，撒上黑胡椒，放進冰箱冷藏凝固。
4. 在砧板上大範圍地撒上防潮糖粉，脫模取出棉花糖，切成3cm方塊。放進密閉容器中冷藏保存。

<Story>

棉花糖【guimauve（法）】：法文棉花糖的意思。不論是guimauve或是marshmallow，原本都是當澱粉使用的植物——藥蜀葵的法文、英文名稱。一般而言，marshmallow多是香氣濃郁，guimauve的特色是散發果汁含量高的天然香氣。

用黑糖和醬油做出濃郁滋味

馬拉糕

材料（直徑3cm的迷你矽製烤杯16個份）

雞蛋…2個
黑糖（粉狀）…100g
食用油…40g
醬油…1小匙
香草油…少許
牛奶…2大匙

A 低筋麵粉…100g
小蘇打粉…1/4小匙
泡打粉…1又1/2小匙
枸杞…隨意

事前準備

· 雞蛋、牛奶回復常溫備用。
· 黑糖過篩備用。
· **A**混合過篩備用。
· 將蛋糕紙模鋪在迷你矽製烤杯上備用。

作法

1. 雞蛋打入調理盆中攪散，加入黑糖攪拌均勻（難以溶解的話就隔水加熱）。倒入食用油、醬油、香草油攪拌均勻。
2. 加入半量的牛奶、半量的**A**拌勻後，再倒入剩下的牛奶和**A**。
3. 把**2**倒入迷你矽製烤杯中，擺上枸杞。
4. 放進冒出蒸氣的蒸鍋中，蒸15～20分鐘。

<Story>

【馬拉糕】：馬拉是中文「膚色曬到黝黑的馬來人」之意，一般認為因馬拉糕加了黑糖而色澤偏暗，便以此為名。糕是「如蜂蜜蛋糕質地」的意思。是道散發著懷舊香味的點心。

添加洋酒變化口味的琥珀色日式點心

柑曼怡琥珀凍

材料（8個份）

◆餡料

杏桃乾…2個

柑曼怡…1小匙

大納言甜納豆…8粒

白腰豆甜納豆…8粒

◆寒天液

寒天粉…3g

水…120ml

A 細砂糖…70g

　海藻糖…10g

　水飴糖漿…70g

柑曼怡…2大匙

檸檬汁…1小匙

作法

1. 準備餡料。把杏桃乾放進耐熱容器中撒上2小匙的水，包上保鮮膜放進600W的微波爐加熱30秒，直接放涼。擦乾水分，撒入柑曼怡靜置10分鐘，切成4等份。
2. 洗淨沾附於兩種甜納豆上的砂糖，瀝乾水分。
3. 製作寒天液。鍋中倒入寒天粉和水煮沸，加入**A**攪拌。再次煮沸後關火，靜置放涼。
4. 在**3**中加入柑曼怡和檸檬汁攪拌均勻。
5. 準備8個小杯子，鋪上切成大張的保鮮膜。放入寒天液、杏桃乾、甜納豆，包成茶巾狀，用橡皮筋綁緊封口。
6. 放進冰水中冷卻凝固。

<Story>

琥珀凍【琥珀寒（日）】：用寒天、砂糖和水熬煮凝固的日式點心。因為外觀閃亮透明，也稱作「錦玉寒」，不過，當中呈琥珀色者稱為「琥珀寒」。寒天是日式點心中常用到的凝固劑，原料是海藻。可以享受到有別於吉利丁的口感。

一口咬下酒香四溢

酒糖

材料（22×30cm的方盤1盤份）

玉米澱粉…300～500g

A 細砂糖…125g

　水…40ml

櫻桃白蘭地…40ml

作法

1. 玉米澱粉放進加溫到30～35℃的烤箱中乾燥1小時以上。
2. **1**過篩均勻撒滿22×30cm的方盤（剩下的備用），用蛋糕抹刀鋪平。抓好足夠的間隔押上喜歡的糖模後，做出凹洞【a】。放進40℃的烤箱中保溫備用。
3. 製作糖漿。鍋中倒入**A**用橡皮刮刀攪拌均勻，開火熬煮到118℃。離火，鍋底隔冷水2～3秒避免溫度上升。
4. 在**3**中倒入櫻桃白蘭地，不要攪拌直接倒進調理盆，再倒回鍋中。重複在調理盆與鍋中來回倒入的動作，共4次【b】。
5. 把糖漿倒入**2**的凹洞中【c】。表面用濾網撒上半量的備用玉米澱粉【d】，靜置4～5小時。
6. 表面形成薄糖衣後用叉子翻面，上面再撒上半量的剩餘玉米澱粉，靜置一晚。
7. 表面凝固後取出，用刷子刷掉玉米澱粉。

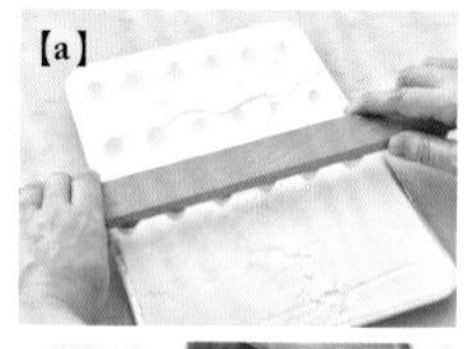

【a】可以用直徑約2cm具深度的小蛋糕模或量匙等工具挖出凹洞。

【b】用橡皮刮刀等工具攪拌糖漿的話會立刻結晶，所以在鍋子和調理盆間來回倒入，調勻糖漿和櫻桃白蘭地。

【c】用尖嘴量杯或湯勺倒入糖漿，直到凹洞邊緣。

【d】撒上剩餘的備用玉米澱粉直到完全蓋住糖漿。

<Story>

酒糖【bonbon à la liqueur（法）】：英文是liqueur bonbon。用糖衣包住加了酒的糖漿，做成一口大小的糖果。使用的糖漿必須充分熬煮到一定的糖度，若低於該糖度，糖衣就會太薄而容易碎裂。

柑曼怡琥珀凍

酒糖

上下顛倒烘烤的蘋果塔

翻轉蘋果塔

材料（直徑4×高1.5cm的矽製棒棒糖蛋糕模8～10個份）

摺疊派皮麵團〈參考p.139〉…1/2單位份
蘋果…2個
細砂糖…30g
奶油…30g
檸檬汁…2小匙
細砂糖…隨意

作法

1 用擀麵棍將摺疊派皮麵團擀成2mm厚，拿直徑4cm的圓形切模切取派皮。放在烤盤上用叉子戳洞，另取一烤盤放在派皮上，放進預熱到180℃的烤箱中烤15分鐘。

2 蘋果去皮切成一口大小。

3 平底鍋中放入細砂糖開火加熱，炒成金黃色。依序加入奶油、檸檬汁，每次都要攪拌均勻，再加入蘋果用大火炒到收乾水分。

4 烤模中塞滿蘋果，放進預熱到180℃的烤箱中烤約25分鐘。

5 取出後，將派皮放在蘋果上，放涼後連同烤模放進冰箱冷凍。

6 脫模取出。有烙印模的話，在表面撒上砂糖燙出焦色。

<Story>

翻轉蘋果塔【tarte Tatin（法）】：將千層派（通稱派皮麵團）蓋在塞滿蘋果的餡料上烘烤而成的法國甜點。1888年，經營飯店的Tatin姊妹因失誤而發明的點心。據說是要從烤箱取出時不小心翻了面，亦或是忘記鋪上派皮，連忙蓋在蘋果上烘烤而成。

令人上癮的酸甜檸檬味

檸檬船型塔

材料

（長6.5×寬2.5×高1cm的一口船型蛋糕模8個份）

◆塔皮餅乾

奶油（常溫）…30g
糖粉…30g
鹽…一小撮
蛋液…15g
低筋麵粉…60g

◆檸檬奶油

雞蛋…1個
A 砂糖…50g
｜玉米澱粉…5g
檸檬汁…2大匙
奶油…50g

作法

1 製作塔皮餅乾。奶油加糖粉和鹽，用打蛋器攪拌到蓬鬆狀態。倒入蛋液攪拌，篩入低筋麵粉混拌。

2 麵團搓揉成團，放入夾鏈袋中送進冰箱冷藏約30分鐘。

3 用擀麵棍將麵團擀成2mm厚鋪在烤模上。切除多餘的麵皮，用叉子戳洞。

4 放上重石，放進預熱到170℃的烤箱中烤10分鐘，取下重石後再烤10分鐘。

5 製作檸檬奶油。鍋中倒入雞蛋、已過篩的A攪拌，加入檸檬汁。開火加熱，煮沸後加奶油融解。

6 將檸檬奶油倒入塔皮內，降溫後放入冰箱冷藏。

<Story>

檸檬船型塔【barquette au citron（法）】：將法國人喜愛的檸檬塔做成小船形狀（barquette）。上面也可以擠上蛋白霜做搭配。

<Story>

貝涅餅【beignet（法）】：英文炸餅的意思，泛指所有裹上麵衣油炸的料理。點心除了這裡介紹的水果炸餅外，還有只用泡芙外皮炸成的名為soupirs de nonne的甜點，以及用布里歐麵包體炸成的維也納麵包等，都算是貝涅餅的一種。

麵衣鬆軟的法國油炸點心

蘋果貝涅餅

材料（容易製作的份量）

姬蘋果…5～6個
A 低筋麵粉…40g
　砂糖…3g
　鹽…少許
B 蛋黃…1個
　啤酒…25ml
　牛奶…15ml
　食用油…8ml
蛋白…1個
炸油…適量
糖粉、楓糖…各適量

作法

1. 製作麵衣。在大調理盆中篩入**A**，中間挖出凹洞。
2. 將**B**倒入**1**的凹洞中，先用打蛋器只攪拌**B**，接著將整體攪拌均勻。
3. 另取一調理盆倒入蛋白，用手持式攪拌棒打發成紮實的蛋白霜。加到**2**中，用橡皮刮刀切拌。
4. 姬蘋果去皮，切成1cm厚的圓片。拿小刀挖除果核部分。
5. 姬蘋果裹上麵衣，放進180℃的熱油中炸。撒上糖粉，隨附上楓糖。

甜牛蒡和檸檬香氣超搭

冰糖牛蒡

材料（容易製作的份量）

牛蒡…1根

A 水…500ml

檸檬汁…2小匙

麵粉…1大匙

◆糖漿

水…100ml

細砂糖…100g

糖漬檸檬皮（市售品）…15g

檸檬皮（磨成皮屑）…1/4個份

<Story>

覆糖【glacé（法）】：在點心表面淋上翻糖或糖霜，讓表面覆滿糖衣。糖漬栗子就是其中之一。也有像冰淇淋慕斯等，使用原意「冰凍」製成的甜點。

作法

1. 牛蒡洗淨，用削皮刀削除薄皮後斜切成5mm寬。立刻和**A**一起放入大鍋中，篩入麵粉開火加熱。煮沸後轉小火續煮約40分鐘。
2. 煮到用竹籤可以輕鬆刺穿後用篩網撈起，迅速過冷水並瀝乾水分。
3. 煮糖漿。鍋中倒入水、1/3量的細砂糖煮沸。離火放入牛蒡，靜置放涼。
4. 先取出牛蒡，糖漿中加入半量剩餘的細砂糖煮沸。離火放回牛蒡，靜置放涼。再重複一次該步驟。
5. 瀝乾糖漿，將切碎的糖漬檸檬皮和檸檬皮屑撒在牛蒡上。排在烤箱的烤網上，放進100℃的烤箱中乾燥30分鐘。

如童話世界般的可愛小蛋糕

迷你糖霜甜點

材料（16個份）

◆奶油糖霜
雞蛋…1個
細砂糖…60g
水…25ml
奶油（常溫）…100g
白蘭地…20ml

海綿蛋糕（市售品，橫切成5mm寬的薄片）…2片
披覆用巧克力（黑、白）…各200g
杏仁片…適量
食用色素（紅）…少許

作法

1 製作奶油糖霜。將雞蛋打入調理盆中用打蛋器打發至蓬鬆狀態。鍋中倒入細砂糖和水開火加熱，熬煮到118℃後，分次加入少量的糖水至蛋液中攪拌均勻。

2 奶油攪拌成乳霜狀，分次加入**1**中攪拌均勻。倒入白蘭地混合均勻。

3 海綿蛋糕橫切成5mm寬的薄片備用。

◎狸貓

4 海綿蛋糕用直徑3.5cm的圓形切模切出8片。

5 將奶油糖霜倒入裝上口徑10mm圓形花嘴的擠花袋中，在海綿蛋糕上擠出半圓球狀。各插上2片杏仁片當耳朵，放進冰箱冷藏凝固。

6 放在網架上，披覆用巧克力（黑）隔水加熱融化後從**5**的上方淋下，在凝固前用手指捏出臉型。

7 用烘焙紙做成紙捲，倒入奶油糖霜，點上小眼睛。同樣以披覆用巧克力點上瞳孔。

用指尖捏除前方的巧克力。下面露出的白色奶油糖霜就成了狸貓臉。

◎兔子

4 海綿蛋糕切成8片3.5×2cm的長方形。

5 擠出身體。將奶油糖霜倒入裝上口徑10mm圓形花嘴的擠花袋中，橫向擠出水滴狀。

6 擠出頭和尾巴。在水滴的尖端擠出直徑1.5cm的圓球做成頭部，水滴圓端擠出小圓做成尾巴。

7 杏仁片縱向對半切開，插在頭上當成耳朵。放進冰箱冷藏凝固。

8 放在網架上，披覆用巧克力（白）隔水加熱融化後從**7**的上方淋下。

9 用烘焙紙做成紙捲，倒入剩餘的奶油糖霜，在頭上擠出小眼睛。同樣以黑色披覆用巧克力點上瞳孔即可。食用色素加少許水溶解後，加在白色披覆用巧克力中染成粉紅色，擠成鼻子。

<Story>

一口甜點【petits fours（法）】：petits是「小」，fours是「烤箱」的意思。也就是「用烤箱烤成的小點心」之意。現在泛指包含烘焙點心在內的所有一口甜點。覆糖的意思請參考p.127。

使用色澤鮮豔的水果

糖衣水果

材料（20個份）

A 細砂糖…250g
　水飴糖漿…75g
　水…50ml
草莓…10個
麝香葡萄…10個

作法

1 鍋中倒入**A**開火加熱，熬煮到150℃。

2 鍋底隔冷水2～3秒，避免溫度上升。

3 準備大張的烘焙紙。拿竹籤刺入水果蒂頭沾取**2**，小心不要燙傷並將水果放在烘焙紙上，取下竹籤，待糖衣變硬即可。

<Story>

糖衣水果【fruit déguisée（法）】：淋上砂糖的水果。Déguisée有「變裝」之意，泛指有「改變樣貌的水果」之意的一口甜點。有兩種作法，用熬煮的糖漿淋覆在水果或杏仁糖上製成，及在杏仁糖上飾以水果或堅果類，覆滿砂糖結晶製成。

最適合當宴席的收尾甜點

雪花蛋奶

材料（4人份）

◆蛋白霜

蛋白…60g

細砂糖…50g

檸檬汁…少許

◆安格列斯醬

蛋黃…2個

砂糖…30g

牛奶…200ml

白蘭地…1大匙

香草精…少許

<Story>

雪花蛋奶【oeufs à la neige（法）】：法國甜點之一，意思是「外型如雪花般的雞蛋」。利用蛋白輕盈鬆軟的特性做成的優雅甜品，以漂浮在安格列斯醬上的形式提供。有時也會在完成後擺上糖絲裝飾。

作法

1. 調理盆中放入蛋白、細砂糖和檸檬汁，用手持式攪拌棒打發成紮實的蛋白霜。
2. 在寬口鍋或平底鍋中倒入水，開小火加熱。當冒泡沸騰後，用湯匙挖取蛋白霜整形成直徑3～4cm的圓球放入鍋中。
3. 在保持冒泡沸騰的狀態下，雙面各煮2～3分鐘。用篩網撈取後放在廚房紙巾上，放進冰箱冷藏。
4. 製作安格列斯醬。調理盆中放入蛋黃、砂糖，用打蛋器攪拌到泛白狀態。倒入溫牛奶。
5. 將4倒入鍋中開小火加熱，一邊攪拌一邊煮到濃稠。在沸騰前關火，加入白蘭地和香草精。
6. 把安格列斯醬倒入器皿中，放上蛋白霜漂浮在上。

口感酥脆的鹹食小點

兩種一口鹹點

<Story>

一口鹹點【petit four salé（法）】：迷你一口鹹點。petit four是「用烤箱烤成的小點心」，salé是「加鹽」的意思。泛指前菜中出現的鹹食小點，以日式料理來說就是餐前小菜。

◎起司塔

材料（直徑4cm的小塔模10個份）

摺疊派皮麵團〈參考p.139〉…1單位份
蛋液…適量
A 雞蛋…1個
　披薩起司絲…30g
　加工起司（切丁狀）…15g
　鹽、胡椒…各適量

作法

1. 用擀麵棍將摺疊派皮麵團擀成2mm厚，鋪在烤模上。切除多餘麵皮，用叉子戳洞。
2. 擺上重石，放進預熱到180℃的烤箱中烤10分鐘。取出，內側塗上少許蛋液。
3. 調理盆中放入A攪拌，倒到2上。放進170℃的烤箱中烤約10分鐘。

◎鯷魚可頌

材料（8個份）

摺疊派皮麵團〈參考p.139〉…1/2單位份
鯷魚罐頭（魚柳）…8片
蛋液…適量
杏仁片…適量

作法

1. 用擀麵棍將摺疊派皮麵團擀成3mm厚，切成底邊4cm、高10cm的等腰三角形。
2. 在底邊放上適量的鯷魚肉，以此為內餡軸心將派皮捲包起來。捲成曲線造型的可頌狀。
3. 表面塗上蛋液，擺上杏仁片，放進預熱到180℃的烤箱中烤約18分鐘。

包起司的土耳其點心

起司春捲

材料（8條份）

茅屋起司…200g
洋香菜（切末）…1小匙
鹽…1g
雞蛋…30g
春捲皮…8片
蛋液…適量
炸油…適量

作法

1 調理盆中放入茅屋起司、洋香菜和鹽混合，打入雞蛋混拌均勻。

2 取1/8的量分別放在春捲皮上，先往前摺，再摺入左右兩邊後捲包起來（不要包太緊，炸起來才酥脆）。包完後塗上少許蛋液並收口。

3 放入180℃的熱油中炸成金黃色。

<Story>

起司春捲【sigara böreği（土）】：如春捲般的土耳其點心。Sigara是香菸的意思，因為點心的外形就像雪茄。Böreği是börek的複數詞，用薄麵皮做的派皮點心。在土耳其當地是用酥皮紙（pâte filo），這裡則是使用春捲皮代替。有的也會包馬鈴薯泥等其他餡料。

只需扭轉再烘烤，作法簡易頗具魅力

千層酥捲

材料（8條份）

摺疊派皮麵團〈參考p.139〉…1單位份
蛋黃…1個份
七味辣椒粉、粗粒黑胡椒、鹽…各適量

<Story>

千層酥捲【sacristain（法）】：將細長形的千層酥皮（通稱派皮麵團）先扭轉再烘烤而成的點心。原意是「教堂司事」、「聖殿看守者」，因為外形類似教堂燭台下方的螺旋紋。通常是撒上細砂糖或杏仁角，不過也有加起司粉等多種變化款口味。

作法

1　將摺疊派皮麵團擀成3～4mm厚，切成1.5cm的細長狀。

2　蛋黃加1小匙水拌勻，用刷子塗在**1**的表面上，撒滿七味辣椒粉、黑胡椒和鹽。

3　握住兩端後扭轉，放在烤盤上。放進預熱到180℃的烤箱中烤約15分鐘。

亞麻仁餅乾

堅果起司冰盒餅乾

糖粒葉片酥餅
山椒貓舌餅
紅味噌貓舌餅
芝麻葉片酥餅

超級食物做成的健康零嘴

亞麻仁餅乾

材料（直徑6cm×24片份）

奶油（常溫）…75g
細砂糖…25g
蛋液…25g
鹽…一小撮
A 亞麻仁籽…30g
燕麥片…70g
全麥麵粉…50g
咖哩粉…少許
鹽…適量

作法

1. 把**A**的亞麻仁籽放進塑膠袋用擀麵棍輾碎，加入**A**的其餘材料混合均勻備用。
2. 奶油放進調理盆中攪拌成乳霜狀，倒入細砂糖用打蛋器攪拌均勻。加入蛋液、鹽混合，再加入**A**混合均勻。
3. 麵團分成24等份後揉圓，排放在烤盤上。包上保鮮膜，用杯底等工具壓成2mm厚的圓形。
4. 放進預熱到160～170℃的烤箱中烤約9分鐘。

<Story>

【亞麻仁】：因為含有α-亞麻酸和豐富的膳食纖維，是近年來備受矚目的食材。雖然也是有容易取得的亞麻仁油或亞麻仁粉，但比完整的亞麻仁籽更容易氧化，因此分批少量地購買並盡早用完相當重要。這款餅乾也有考量到氧化問題，所以不用粉類製品而是使用碾碎的亞麻仁籽。

散發香氣的鹹餅乾超下酒

堅果起司冰盒餅乾

材料（容易製作的份量）

奶油（常溫）…60g
糖粉…25g
鹽…一小撮
蛋液…25g
低筋麵粉…120g
帕馬森起司粉…30g
A 杏仁（烤過）…40g
核桃（烤過）…30g
開心果（烤過）…10粒

作法

1. 奶油攪拌成乳霜狀，加入砂糖和鹽，用打蛋器攪拌均勻。
2. 分2～3次倒入蛋液，每次都要攪拌均勻。依序加入過篩的麵粉、帕馬森起司粉和**A**並混合均勻，揉捏成團。
3. 將**2**放到攤開的保鮮膜上，整成長8×寬7×厚1.5cm的扁平四方體。包上保鮮膜，放進冰箱冷藏1小時。
4. 撕開保鮮膜，切成3mm寬的片狀。排放在烤盤上，送進預熱到170℃的烤箱中烤約12分鐘。

<Story>

冰盒餅乾【ice box coockies（美）】：整成麵團再冷卻凝固，分切成喜歡的形狀及大小後烘烤而成的餅乾總稱。可做成圓形或方形、加入了可可的深色或白色組合、添加水果或堅果等，享受多重變化的樂趣。

吃不膩的美味日本餅乾

兩種葉片酥餅（糖粒、芝麻）

材料（10片份）

摺疊派皮麵團〈參考p.139〉…1單位份

細砂糖…適量

熟白芝麻、熟黑芝麻…各適量

鹽…少許

作法

1 用擀麵棍將摺疊派皮麵團擀成4mm厚，用直徑4cm的菊型模切取。

2 糖粒口味部分，用細砂糖代替手粉，邊撒糖邊用擀麵棍將派皮擀成8cm長的細長狀。表面用刀背畫上葉脈圖案。

3 芝麻口味部分，白芝麻和黑芝麻以3:2的比例混合，並加鹽拌勻以取代手粉，同樣地一邊撒在派皮上一邊擀成細長狀，畫上葉脈圖案。

4 排放在烤盤上，用叉子戳出數個洞。放進預熱到170℃的烤箱中烤約15分鐘。

<Story>

【葉片酥餅】：將千層酥皮（通稱派皮麵團）擀薄做成葉片狀，表面畫上葉脈線條烘烤而成，是日本特有的點心。除了撒上細砂糖外，也有撒上芝麻或起司粉的鹹味餅乾。

特殊的山椒和味噌口味

兩種貓舌餅

◎山椒貓舌餅

材料（容易製作的份量）

奶油（常溫）…50g

糖粉…50g

香草油…少許

蛋液…50g

低筋麵粉…50g

仁淀川山椒＊（全粒）…5粒

＊高知縣仁淀川沿岸種植的山椒，香氣馥郁。

作法

1 奶油攪拌成乳霜狀，加入糖粉和香草油攪拌均勻。

2 分次加入少量的蛋液混拌，倒入過篩的低筋麵粉、切碎的山椒粒混合均勻。

3 把**2**放進裝上口徑8mm圓形花嘴的擠花袋中，在鋪好烘焙紙的烤盤上，以稍微壓扁的方式擠成6cm長的扁平狀。

4 放進預熱到160℃的烤箱中，烤約15秒後立刻從烤箱取出。輕敲烤盤數次整平麵團，再放進烤箱中烤7～8分鐘，直到邊緣微微上色。

◎紅味噌貓舌餅

材料（容易製作的份量）

奶油…50g

糖粉…50g

香草油…少許

蛋液…45g

低筋麵粉…50g

紅味噌…5g

作法

作法和左側的山椒貓舌餅一樣。以紅味噌代替山椒加入。

<Story>

貓舌餅【langue de chat（法）】：用圓形花嘴將柔軟的餅乾麵團擠成橢圓狀烘焙而成的薄片餅乾。名稱是「貓舌頭」的意思，因為扁平的橢圓形和粗糙不平的表面令人聯想到貓舌頭。形狀相同的巧克力薄片也以此命名。

基本麵團①

小菜、甜點兩相宜

泡芙外皮

Pâte à choux

沒有特殊味道的鹹泡芙外皮，烤成小圓球狀，
中間塞滿喜歡的奶油口味、或是外面包捲生火腿，
可以變化成各種口味的開胃菜，方便好用。
當然也可以做成甜點。

材料（1單位份／直徑2～3cm的小泡芙25個份）

A 牛奶…25ml
水…25ml
鹽…一小撮
奶油…15g

B 低筋麵粉…15g
高筋麵粉…10g

雞蛋…1個

作法

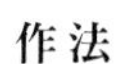

1 鍋中倒入**A**開火加熱。沸騰後關火，加入已過篩的**B**，用橡皮刮刀迅速混拌均勻。

2 當麵團黏結成團後開中火，一邊攪拌一邊加熱。當鍋底出現薄膜後取出，放入調理盆中。

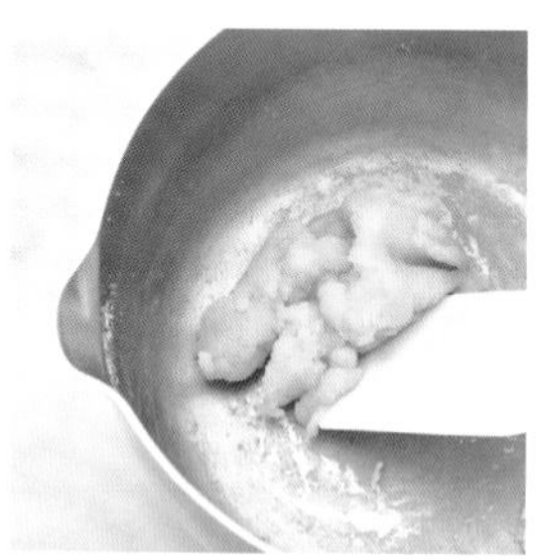

3 分次倒入蛋液，每次都用橡皮刮刀混拌均勻。調整成撈起時麵糊會緩慢滴落的黏稠度。

4 將**3**倒入裝好口徑7mm圓形花嘴的擠花袋中，在鋪了烘焙紙的烤盤上擠出直徑2cm的圓球。用手指抹平尖狀收尾處。

5 放進預熱到180℃的烤箱中烤約20分鐘。

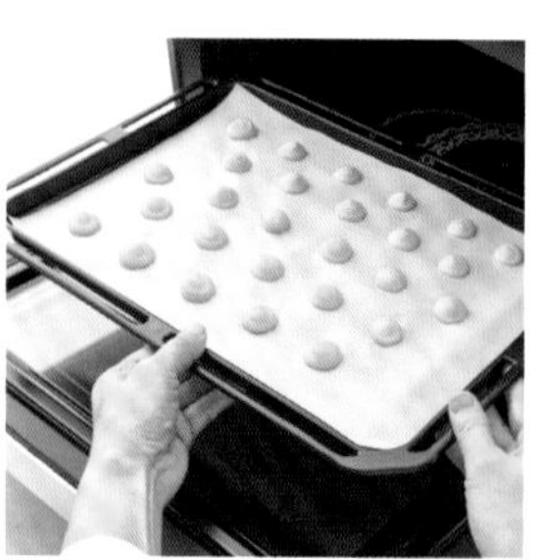

基本麵團②

從前菜到點心，用途廣泛

摺疊派皮麵團

先將麵粉、奶油、鹽和水搓揉拌勻，
再摺成四摺做出層次的簡易作法。
攪拌麵粉和奶油的作業以食物調理機進行，就能縮短時間。
從前菜到點心，是製作開胃小點必備的麵團。

Pâte a brisée

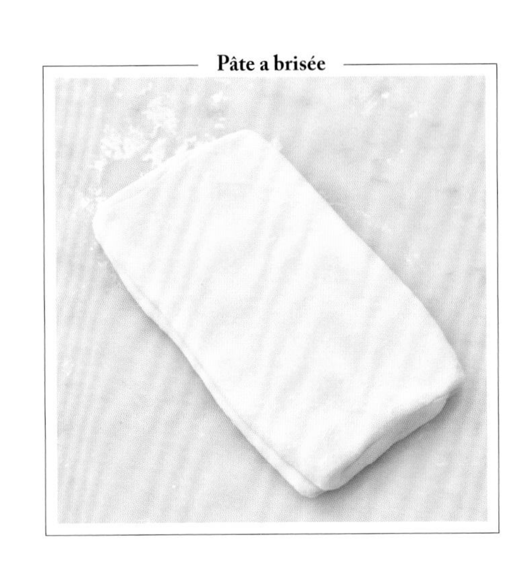

材料（1單位份）

A 低筋麵粉…70g
高筋麵粉…40g
冰奶油（切成1cm丁狀）…85g

鹽…1.5g
水…約40ml
手粉（高筋麵粉）…適量

作法

1 調理盆中倒入**A**，用刮板將奶油切成紅豆大小（也可以用食物調理機作業再放到調理盆中）。

2 鹽加水調勻，分次倒入少量的鹽水，用刮板混拌。

3 當麵團大致黏結成團後包上保鮮膜，放進冰箱冷藏約30分鐘。

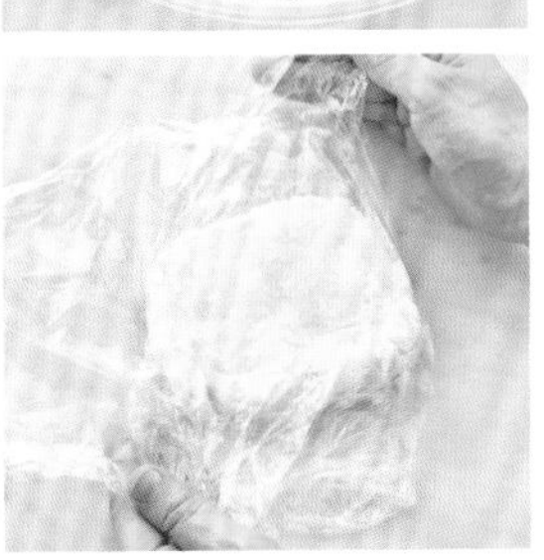

4 把手粉撒在工作台上（若有結塊，就用擀麵棍輕敲數次），將麵團擀成長方形。

5 摺起近前側和對側的麵團在中心交會，再對半摺（共四層）。將麵團轉90度（如果麵團過軟不好作業，做完這步驟就先放進冰箱冷藏）。

6 再重複2次作法**4**～**5**（若是還看得到奶油顆粒，就再多做一次）。

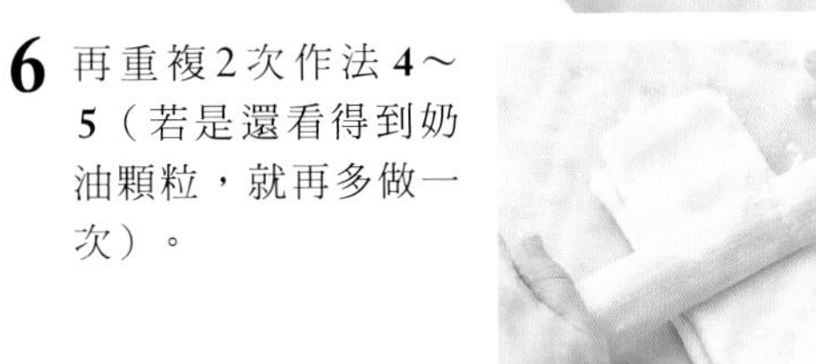

7 包上保鮮膜，放進冰箱冷藏30分鐘後完成。

※若要保存，請放在冷凍庫中，使用前再拿到冷藏室解凍。

基本麵團③

應用基本流程製作

圓麵包

Pâte de pain

應用於本書中的披薩麵團和咕咕霍夫麵團。
雖然有的有加蛋或脫脂奶粉有的則沒有、份量多少也有差異，
但基本材料都是麵粉、酵母粉、砂糖、鹽、水分和油脂，
揉製法和發酵作業也一樣。事先了解流程的話就能順暢作業。

材料（8個份）

A 高筋麵粉…200g
　速發酵母粉…4g
　脫脂奶粉…10g
　砂糖…20g
　鹽…3g

水…110g
乳瑪琳（常溫）…30g
手粉（高筋麵粉）、食用油…各適量
全蛋…20g

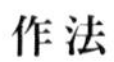

作法

1 調理盆中倒入A攪拌，中間挖洞倒入水分（這裡用水），充分混拌到沒有粉末顆粒。

2 移到工作台上，以從近前側往對側推開的方式搓揉10～15分鐘。加入油脂（這裡用乳瑪琳）後將整體搓揉均勻。

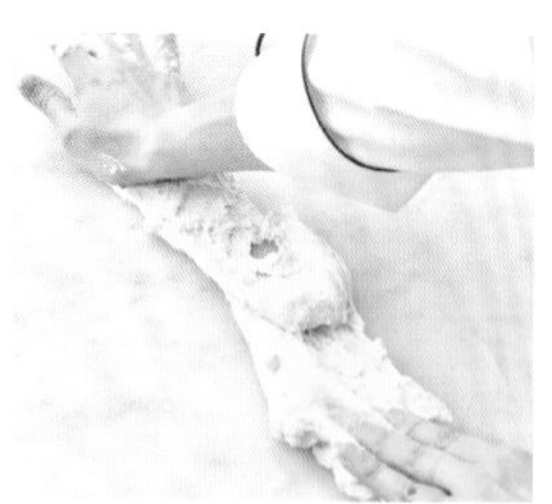

3 當麵團揉成團後，重複在工作台上甩打約100次以產生黏性。當麵團表面變光滑，可以撐出薄膜後即可。

4 麵團表面拉平整，放入抹上少許食用油的調理盆中，包上保鮮膜。放在有發酵功能的烤箱等30℃的地方靜置40分鐘做一次發酵。

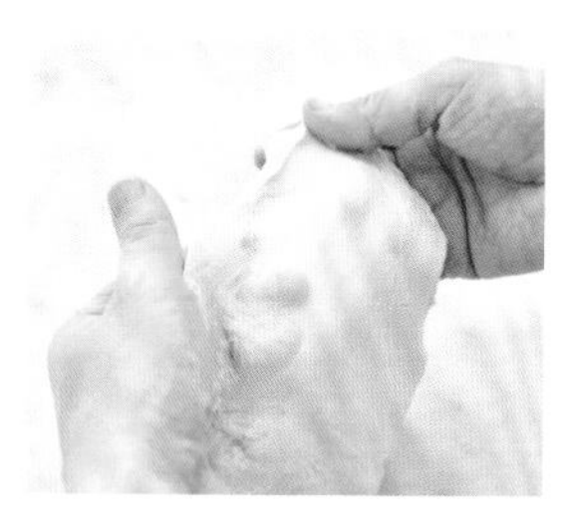

5 當麵團膨脹到約1.5倍大後，以手指沾取手粉，在麵團上戳洞做手指測試。當即便拔出手指凹下的地方也不會恢復原狀，就表示一次發酵結束。若是凹陷處馬上回彈，就再發酵5分鐘左右。

1～5的步驟也可以用麵包機的「麵團製作程序」來做。若要投入配料就等指示音響起後再加入，直到完成一次發酵。

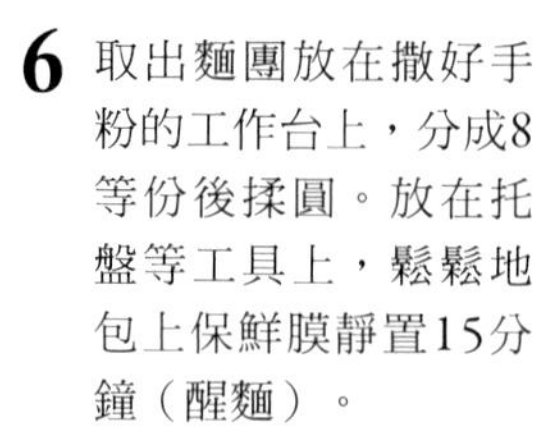

6 取出麵團放在撒好手粉的工作台上，分成8等份後揉圓。放在托盤等工具上，鬆鬆地包上保鮮膜靜置15分鐘（醒麵）。

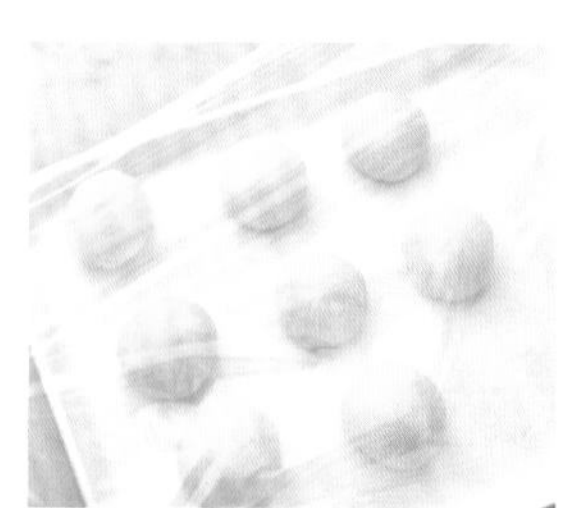

7 輕壓麵團排出氣體再重新揉圓，收口朝下擺在烤盤上。放在有發酵功能的烤箱等35℃的地方靜置20～25分鐘做二次發酵。

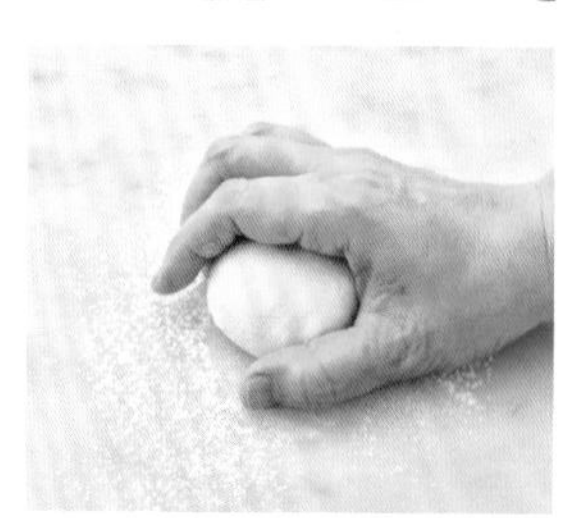

8 全蛋打散，麵團表面塗上少許蛋液，放進預熱到180℃的烤箱中烤10～12分鐘。

索引（料理、飲品、起司）

〔九劃〕

〔十劃〕

〔十一劃〕

PROFILE

吉田菊次郎 Kikujiro Yoshida

1944年出生於東京。在巴黎「Bcquer」、「Tholoniat」、日內瓦「Rolle」等店修業，之後從瑞士巴塞爾市的COBA國際製菓學校畢業。回到日本後，在東京澀谷開設法式甜點及咖啡館「BOUL'MICH」一號店直到現在。2004年榮獲法國農業成就騎士勳章，及厚生勞動省頒發的現代名工（技能卓越者）頭銜。2007年獲頒日本飲食生活文化財團的飲食生活文化金牌。著有《萬國甜點物語》（晶文社）、《西洋甜點徬徨始末》（朝文社）、《百貨公司B1物語》（平凡社）、《甜點創意教本》（和中西昭生合著，誠文堂新光社）、《西洋甜點百科事典》（白水社）等多部著作。

村松 周 Shu Muramatsu

橫濱市出生。在大學專攻服裝設計，之後到專門學校學習西洋點心的基礎。從事花藝設計講師、色彩搭配講師等工作，並於2001年起成為吉田菊次郎蛋糕教室的助手。向森山サチ子學做和菓子。在BOUL'MICH製菓學院開辦時起服務至今，現為主任講師。平時也舉辦外部講習會、在大學開課、做展示表演等。以NHK連續劇「深夜烘焙坊」為首，協助多部連續劇、綜藝節目、猜謎節目並擔任麵包糕點的製作指導。到法國、義大利、德國、北歐等地研習烘焙的經歷也很豐富。

TITLE

放鬆時光！法式餐前酒 & 開胃小點

STAFF

出版　瑞昇文化事業股份有限公司
作者　吉田菊次郎　村松周
譯者　郭欣惠
監譯　高詹燦

總編輯　郭湘齡
責任編輯　蔣詩綺
文字編輯　徐承義　陳亭安
美術編輯　孫慧琪
排版　二次方數位設計
製版　昇昇興業股份有限公司
印刷　桂林彩色印刷股份有限公司

法律顧問　經兆國際法律事務所　黃沛聲律師

戶名　瑞昇文化事業股份有限公司
劃撥帳號　19598343
地址　新北市中和區景平路464巷2弄1-4號
電話　(02)2945-3191
傳真　(02)2945-3190
網址　www.rising-books.com.tw
Mail　deepblue@rising-books.com.tw

初版日期　2018年7月
定價　350元

ORIGINAL JAPANESE EDITION STAFF

ブックデザイン　髙橋朱里、菅谷真理子 （マルサンカク）
撮影　北川鉄雄
スタイリング　上島亜紀
イラスト　酒井マオリ
編集　早田昌美
調理協力　中西昭生（ブールミッシュ）
田中由美、新川優子、石川暁絵、藤田敦子
(以上「ブールミッシュ製菓アカデミー」スタッフ)
協力　(株)協同インターナショナル
ピックサラミハンガリー(株)
スタイリング協力　コーンズ・アンド・カンパニー・リミテッド （SOLIA）
(株)ノリタケカンパニーリミテド
(有)ブロッサム オブ ナオコ

國家圖書館出版品預行編目資料

放鬆時光!：法式餐前酒&開胃小點 / 吉田菊次郎, 村松周作；郭欣惠譯. -- 初版. -- 新北市：瑞昇文化, 2018.07
144面；19 x 25.7公分
譯自：フランス流気取らないおもてなしアペリティフ
ISBN 978-986-401-254-1(平裝)
1.食譜
427.12　107009412